# ベアリングがわかる本

NTN株式会社編集チーム 著

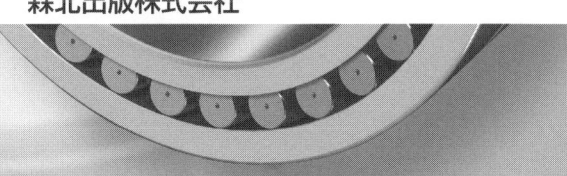

森北出版株式会社

●本書のサポート情報を当社Webサイトに掲載する場合があります．下記のURLにアクセスし，サポートの案内をご覧ください．

https://www.morikita.co.jp/support/

●本書の内容に関するご質問は，森北出版 出版部「(書名を明記)」係宛に書面にて，もしくは下記のe-mailアドレスまでお願いします．なお，電話でのご質問には応じかねますので，あらかじめご了承ください．

editor@morikita.co.jp

●本書により得られた情報の使用から生じるいかなる損害についても，当社および本書の著者は責任を負わないものとします．

■本書に記載している製品名，商標および登録商標は，各権利者に帰属します．

■本書を無断で複写複製（電子化を含む）することは，著作権法上での例外を除き，禁じられています．複写される場合は，そのつど事前に（一社）出版者著作権管理機構（電話03-5244-5088，FAX03-5244-5089，e-mail:info@jcopy.or.jp）の許諾を得てください．また本書を代行業者等の第三者に依頼してスキャンやデジタル化することは，たとえ個人や家庭内での利用であっても一切認められておりません．

## はじめに

　物を動かす際には，摩擦力という力が働き，その物を動かすには摩擦力を上回る力が必要になる。人間は，古代から摩擦力と格闘してきた。たとえば，エジプトの巨大な建築物であるピラミッドを建設する際，人間の何倍もある巨石の下に木を何本も敷いて運んでいる絵をみたことはないだろうか。これは，巨石と大地の間で生じる大きな摩擦を減らすため，棒を「ころ」として活用した状況を描いたものである。当時から，人間は摩擦を減らすことで労力が軽減することを知っており，その後も長い歴史の中で摩擦軽減に関する技術を進化させてきた。その摩擦や摩耗あるいは潤滑などに関連する技術分野を総合的に扱う学問が「トライボロジー」であり，トライボロジーの機械要素の中核をなすのがベアリング（軸受）なのである。

　時は現代。今や，ベアリングは「産業のコメ」とも言われ，機械になくてはならない基幹部品であり，2万種類以上の多種多様なベアリングが，さまざまな機械に使われている。たとえば，自動車。種類や車種により一概には言えないが，乗用車1台には，なんと100個以上のベアリングが使われているのである。このほかにも鉄道車両や航空機などの乗り物や，自然エネルギーの活用で脚光を浴びている風力発電機，さらに最新の医療機器やハードディスクドライブなど，ベアリングの使用箇所は実に多い。ベアリングは，摩擦を軽減することでエネルギーの消費を低減し，産業機械の安全性や信頼性を高める重要な部品でありながらも，目立たない場所で活躍している「縁の下の力持ち」的な存在である。

　本書は，このようにたいへん重要な機械要素であるベアリングについて，もっと知りたいと思う方，特に自動車や各種産業機械メーカーで研究・開発・設計・生産技術・製造といった技術系の若手社員の方などを対象とした入門書である。

## はじめに

本書の主な特徴は，次の通りである。

①転がり軸受だけを解説した既存の書籍はいくつも存在するが，本書では滑り軸受，そして流体軸受までも幅広くカバーした。また，一般的に最も使いやすく，多く使用されている軸受であるベアリングユニットについては，入門書として分かりやすく解説を加えた。

②構成を，解説編，応用事例編の2部構成とすることで，基礎から応用までを知りたい読者の知識欲に応えた。

③初心者が失敗したり，誤解しやすいポイントをコラム欄で「ここに注意！」として紹介したほか，ベアリングの周辺知識を楽しく知ってもらえるよう「ちょっとひと休み」も随所に記載した。

本書の執筆は，長年にわたり「摩擦」に関する研究を重ね，多種多様なベアリングを世界中に提供してきたNTN株式会社の現役技術者が，ベアリングについて是非とも知っておいて欲しいことを精魂込めて執筆した。本書を通じて日本の「ものづくり」の基本やその伝承に貢献できれば，特別編集チーム一同，大きな喜びである。

なお，本書は工業調査会より2007年5月に初版を発行し，改訂を行ってきたが，2011年4月より森北出版から発行する運びとなった。

2011年3月

NTN株式会社　編集チーム一同

---

**NTN株式会社 編集チーム メンバー**

川瀬　達夫・片岡　雅彦・中川　直樹・高木　安廣・藤川　芳夫
矢野　得雄・沖　芳郎・伊藤　容敬・竹田　幸浩・孝橋　宏二

## ベアリングがわかる本
### 目　次

はじめに
NTN 株式会社　編集チーム　メンバー
NTN について

## I　解説編

### 第1章　ベアリングとは

1.1　ベアリングの歴史 ･･････････････････････････････････････････ 13
1.2　転がりの話 ････････････････････････････････････････････････ 15
1.3　ベアリングの特長 ･･････････････････････････････････････････ 16

### 第2章　ベアリングの基礎

2.1　転がり軸受について ････････････････････････････････････････ 19
　│　転がり軸受と滑り軸受　19
2.2　転がり軸受の分類と特長 ････････････････････････････････････ 21
　　　構造　21
　　　分類　22
　　　特長　22
2.3　軸受の選定 ････････････････････････････････････････････････ 39
　　　選定手順　39
　　　形式と性能比較　39
　　　軸受の配列　41
2.4　主要寸法と呼び番号 ････････････････････････････････････････ 43
　　　主要寸法　43

|　呼び番号　45
2.5 **軸受の精度** ………………………………………………………… 46
　|　寸法精度と回転精度　46
2.6 **定格荷重と寿命** ……………………………………………………… 48
　　軸受の寿命　48
　　基本定格寿命と基本動定格荷重　49
　　修正定格寿命　52
　　使用機械と必要寿命　55
　　基本静定格荷重　55
　　許容静等価荷重　56
2.7 **軸受荷重** ……………………………………………………………… 58
　　軸系に作用する荷重　58
　　等価荷重　59
　　許容アキシアル荷重　62
2.8 **はめあい** ……………………………………………………………… 65
　|　軸受のはめあい　65
2.9 **軸受内部すきまと予圧** ……………………………………………… 67
　　軸受内部すきま　67
　　軸受内部すきまの選定　68
　　軸受の予圧　70
2.10 **許容回転速度** ………………………………………………………… 71
2.11 **軸受の特性** …………………………………………………………… 72
　　摩擦　72
　　発熱量　73
　　音響　74
2.12 **潤滑** …………………………………………………………………… 76
　　グリース潤滑　76
　　油潤滑　80
2.13 **軸受の密封装置** ……………………………………………………… 86
2.14 **軸受材料** ……………………………………………………………… 86
　|　軌道輪および転動体の材料　86

　　　　保持器の材料　88
**2.15 軸およびハウジングの設計** ………………………………………… 89
　　　　軸受の固定　89
　　　　取付け関係寸法　91
　　　　軸およびハウジングの精度　93
**2.16 軸受の取扱い** ………………………………………………………… 96
　　　　軸受の取付け　96
　　　　取付け後の回転検査　100
　　　　軸受の取外し　101
**2.17 軸受の損傷と対策** ………………………………………………… 105
**2.18 参考資料（各国規格記号）** ………………………………………… 113

## 第3章　ベアリングユニット（転がり軸受ユニット）

**3.1 ベアリングユニットの構造と材料** ………………………………… 115
　　　　ベアリングユニットの構造　115
　　　　カバー付きベアリングユニットの構造　116
　　　　ベアリングユニットの材料　116
**3.2 ベアリングユニットの呼び番号と形式** …………………………… 119
　　　　ベアリングユニットの呼び番号　119
　　　　ユニット用玉軸受の呼び番号　119
　　　　ベアリングユニットの形式　120
**3.3 ベアリングユニットの取扱い** ……………………………………… 121
　　　　取付け軸について　121
　　　　許容回転速度　123
　　　　ベアリングユニットの取付け　124
　　　　止めねじ方式による軸への取付け　126
　　　　鋼板製カバー付きユニットの取付け　129
　　　　給油式ベアリングユニットの選定条件　131
　　　　グリースの給油方法と補給量　132

## 第4章 滑り軸受

### 4.1 焼結含油軸受 ……………………………………………………… 135
歴史 135
長所と短所 135
動作原理 136
材質 138
形状と主な用途 138
製造工程 142
許容荷重と速度 142

### 4.2 樹脂滑り軸受（プラスチック軸受）……………………………… 144
樹脂滑り軸受 144
樹脂の長所と短所 144
樹脂の分類 145
樹脂材料の特徴 147
樹脂軸受の設計 150

### 4.3 流体軸受 ………………………………………………………… 155
静圧気体軸受 155
動圧軸受 159
磁気軸受 163

# II 応用事例編

## 第5章 自動車用ベアリング

1．アクスルベアリング ……………………………………………… 171
2．トランスミッション，デファレンシャル ……………………… 175
3．ターボチャージャ ………………………………………………… 180

4．ロッカーアーム ………………………………………… *181*
5．タイミングベルト用プーリ …………………………… *183*
6．スタータ ………………………………………………… *184*
7．オルタネータ …………………………………………… *185*
8．カーエアコン …………………………………………… *186*
9．ABSポンプ ……………………………………………… *188*
10．2輪エンジン …………………………………………… *189*

## 第6章　産業機械用ベアリング

1．鉄鋼（ロールネック） ………………………………… *191*
2．鉄鋼（転炉トラニオン） ……………………………… *193*
3．鉄鋼（テンションレベラーロール） ………………… *195*
4．製紙機械（ドライヤ） ………………………………… *196*
5．鉄道車両 ………………………………………………… *197*
6．航空機（エンジン） …………………………………… *199*
7．ロケット（ターボポンプ） …………………………… *201*
8．風力発電機 ……………………………………………… *203*
9．工作機械（マシニングセンタ）主軸 ………………… *205*
10．工作機械（旋盤）主軸 ………………………………… *207*
11．建設機械（油圧ショベル走行減速機） ……………… *209*
12．建設機械（減速機） …………………………………… *211*
13．建設機械（操作レバー） ……………………………… *212*
14．化学プラント用ポンプ ………………………………… *213*
15．事務機（複写機・プリンタ） ………………………… *214*
16．医療（CTスキャナ） …………………………………… *216*
17．家電用モータ …………………………………………… *217*
18．熱処理炉 ………………………………………………… *218*
19．コンベア（鉱山） ……………………………………… *220*
20．立体駐車場 ……………………………………………… *221*
21．食品機械 ………………………………………………… *222*

22. 高層ビル用滑り免震装置 …………………………………………… *223*

\*

索引 ……………………………………………………………………… *224*

## NTN について

### ●1918年（大正7年）創業

　現在のNTN株式会社は，大正7年に三重県桑名で創業を開始した。

　当時21歳の西園二郎 ｛のちに東洋ベアリング（現在のNTN）常務取締役技師長となる｝がボールベアリングの国産化に関心を持ち，西園鉄工所の工場長として研究試作を始めた。

　この西園二郎にベアリングの研究開発を強力に要請し，資金面と販売面を一手に引き受けて企業化したのが東洋ベアリングの初代社長，丹羽昇である。丹羽は，当時は大阪で巴商会という機械工具商を経営していた。

　大正11年のある日，横浜港でスウェーデン船が沈没し，その積載品が損害保険会社の手で処分されることとなった。その中にスウェーデン製のベアリングがあり，これを巴商会が全量落札し，再生して販売したところ予想以上の利益を得た。当時ベアリングは輸入品であり，それも1個の値段が，金時計1個に相当するほど高価なものであった。

　丹羽は，さっそく海難品販売の利益で研磨機3台を購入し，これを西園鉄工所に持ち込んでベアリング製造の第一歩を踏み出したのである。

### ●NTN―社名の由来

　大正12年，巴商会はボールベアリング部を新設し，"NTN"の商標を用いて国産ベアリングの販売を開始した。"NTN"とは，丹羽のN，巴商会のT，西園のNのそれぞれの頭文字をとったものである。

　昭和2年に合資会社エヌチーエヌ製作所が法人として発足，昭和12年に東洋ベアリング製造株式会社と改名された。その後1989年に，商標のNTNを社名とし現在に至っているが，グローバルに活躍する企業として社名に，for New Technology Network（新しい技術で世界を結ぶ）という意味をもたせている。創業以来，NTN商品には必ずNTNロゴがつけられている。

　「新しい技術の創造と新商品の開発を通じて国際社会に貢献する」というのが，現在のNTNの企業理念である。

# I

# 解説編

　第1章では，ベアリング（軸受）の役割について，その歴史を交えて紹介する。
　第2章では，ベアリングの構造や理論，さらに選定方法から取扱いまで基本的な知識について，最も代表的な転がり軸受であるボールベアリング（玉軸受）を中心に，ローラベアリング（ころ軸受）およびニードルローラベアリング（針状ころ軸受）について解説する。
　第3章では多くの産業機械で広く用いられているベアリングユニット（転がり軸受ユニット）の種類や取扱い方法について説明する。
　第4章では，滑り軸受の中でも多様なユーザーニーズに対応できる特徴を持つ焼結含油軸受，樹脂滑り軸受，流体軸受について解説する。

# 第1章

# ベアリングとは

## 1.1 ベアリングの歴史

　古代エジプトのピラミッド建設を紹介した書物で，石を運ぶ絵を見かける（図1.1）。また，日本でも大阪城大手門に使われている高さ10.8 m，幅5.3 m，重さ150 tの石垣用の巨石を運ぶ記録が古文書に残っている。では，ピラミッドや石垣で使用された大きな石はどうやって運ばれたのであろうか？
　クレーンもブルドーザーも無かった時代にあのような重量物を遠くから運搬するのに，人力や牛馬のみで運んだことを考えると，絵を見てわかるように，地面にころを敷いたことに秘密があるようである。
　このようにころを敷くことによって，重い物を非常に軽く運べることがわかっていたが，木製や銅製のころを試しに用いる程度にとどまり，今日のように広く使用するに至らなかった。1500年以降になって，西欧諸国で金属製の玉やころを使ったもの（転がり軸受）がいろいろ考案され，砲車，水車および風

図1.1　古代エジプトのピラミッド建設

図1.2　各種ベアリング

車などに利用されるようになったが，本格的なものが登場するのは，18世紀後半のイギリスで起きた産業革命以降である。1772年イギリスで馬車用として玉軸受が発明され深溝玉軸受やスラスト玉軸受などの形が登場し，**図1.2**に示す現在のような円形のものが現れたのは1900年に入ってからである。

　なぜ，古代から利用されていたころの原理を基にして現在のベアリングになるまでにこれほどの時間がかかったのだろうか？

　ころの材料が同じであれば，直径の大きいものほどつぶれにくく，直径が小さいと小さい力でつぶれてしまう。マッチ棒，鉛筆，ソバ打ち用の棒，丸太を比較してみると，丸太が一番強いことが簡単にわかるはずである。つまり，木材や銅を使ってベアリングを作ると，ある重さを支えるためには，どうしてもころが大きくなってしまう。そのためベアリング自体が非常に大きくなり，へたをすると機械本体の大きさにまでなるので，用途が限定され発達が遅れてしまったのである。

　ところが，1856年にイギリスで"硬い鋼"の製造に成功すると，これまでの木材や銅などに比べて非常に頑丈で，小さく使いやすいベアリングを作ることができるようになり，今日のように発展をしてきたのである。

　それでは，ベアリングがどこに使われているか探してみよう。たとえば家の

中を見ると扇風機の羽根や洗濯機のドラムなどを支えるところに，外に出ると自動車のタイヤや飛行機のプロペラを支えるところに使われ，回る物には必ずベアリングが使われている。もしもベアリングが無かったら，または，木材や銅のベアリングしか無かったら，扇風機や自動車などは今のようにコンパクトではなく，かさばった大きなものになっていたであろう。

現在のように鋼製の小さなベアリングの真価が認められたのは，19世紀末にアメリカに出現した自動車工業においてである。自動車工業は20世紀に入りフォードが大量生産方式を考え，急速な発展をとげた。それに伴いベアリングは重要な自動車部品として大量に使われるようになり，製品の多様化も進んできた。

自動車で真価を認められたベアリングは，そのほかの車両や乗り物，工作機械などの分野にも用途を拡大していった。今やベアリングは宇宙開発から海底資源開発分野まで広がり，機械産業を発展させる推進力となっている。

## 1.2 転がりの話

図1.3のように1,000 kg（1 t）の重量物を地面に置いて，これをロープで引張って動かすにはどのような方法があるか考えてみよう。動力源として，人，馬，自動車，機関車など，答えはいろいろあるだろう。なぜ，このように多く

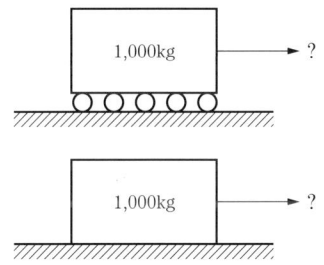

図1.3　1,000 kgのものを引張って動かすには？

の答えが出るのであろうか？　それは引張る力が地表の状態によって違うからである。もし地面がスケートリンクのようなら人でも引張って動かすことができるが，舗装道路では自動車でなければ動かすことができない。この互いに移動する2つの力の関係を摩擦係数という指標で示し，係数が小さいほど滑りやすい面であることを表す。物の重さに摩擦係数を掛けたものが引張る力になるのである。つまり，スケートリンクのような面との摩擦係数は0.04程度なので，引張る力は1000 kg×0.04＝40 kg，舗装された道路での摩擦係数は約0.25なので，引張る力は1000 kg×0.25＝250 kg必要になる。

　ベアリングのころの摩擦係数はスケートリンクのような状態の地面よりも大変小さく，ころの転がり時の摩擦係数は0.001なので1000 kg×0.001＝1 kgとなり，重さの1/1000の力で引張って動かすことができるのである。ここで，古代エジプトのピラミッド建設での石を運ぶ絵（図1.1）を再び見てみよう。このように重量物の下にころを入れると小さな力で引張って動かすことができることを，古代エジプトのピラミッド建設に携わった人たちは利用していたのである。

## 1.3　ベアリングの特長

　ベアリングには，どのような特長があるか，ここでは転がり軸受について見てみよう。

① 動力の節約ができる

　前節で述べたように，重量を支えている部分が軽く回るため，動力損失が少なく，また1つの動力で多くのものを動かすことが可能である。

② 起動抵抗が小さい

　機械は，動き始めに非常に大きな動力を必要とする。これは止まっているものが動き始めるときには，滑りでも転がりでも，連続して動いているときの数倍の抵抗になる場合がある。たとえば，地面の上に重いものがあり，その間に

ころを使わず油しかない場合は，油がない場合に比べて動きやすいが，油が押しのけられて固体接触もしくは半液体接触になってしまい起動抵抗が増えることになる。ところが，ころを使うとはるかに抵抗が小さく，動力も小さくて済む。

③　潤滑剤の節約ができる

ベアリングを使うと接触している部分が少ないので，油（潤滑剤）の量が非常に少なくて済む。

④　摩耗が少ない

転がり軸受は滑る部分がほとんど無いのに対して，滑り軸受は接触面全体が滑るため，起動時のように潤滑膜ができない場合は摩耗する。

⑤　維持費が安い

毎日の点検，給油などの手間がかからないため，維持費が安くなり，また保守のための人件費も安い。

⑥　製品の質が良くなる

転がり軸受の場合，滑り軸受に比べて使用条件によっては摩耗が少ない場合があるので，長期間にわたって機械の精度を維持でき，製品品質の維持が可能となる。

このほかにもいろいろあるが，詳しい内容は次章以降で述べる。

以上の内容を踏まえた上で，本書では，ベアリングについてどのような種類があるか，また，どのように使ったら良いかなど，基本的なことをまとめた。

## ベアリングに求められる永遠の課題は？

「良いベアリングとは何か？」と聞かれることがある。回答が非常に難しい質問である。というのも，ベアリングに求められる機能は使われ方によって様々であるからだ。そこで，代表的な3つのベアリングの機能について説明する。

① 長寿命：より長い期間使いたい。ベアリングを取り替えるという作業が無くなり，非常に使いやすくなる。
② 低トルク：より軽く回転させたい。これにより発生熱量も少なく，回転に使うエネルギーも少なくてすむ。
③ 高速性：より速く回転させたい。より速く回転させることで，装置の性能向上に繋がる。

これらの機能に限界は無く，ベアリングメーカーにとって"永遠に続く課題"となっており，日夜研究・開発が続けられている。

### 夢の一歩前，コントロール技術

夢のベアリング……たとえば，転がり摩擦が限りなく小さい，発熱が無い，寿命が無限大等々が考えられる。

"軸受の持つ機能がコントロールできたら"，これはこれで，すばらしく夢が膨んでくる。たとえば，軸受の音をコントロールできたら……，軸受のトルクをコントロールできたら……，軸受の寿命をコントロールできたら……。技術者の夢から現実になりそうなものが，多分近い将来，世の中に出て来るだろう。

# 第 2 章

# ベアリングの基礎

## 2.1 転がり軸受について

### 転がり軸受と滑り軸受

　いずれの軸受もいろいろな形式があり，それぞれ特徴をもっている。しかし一般的な特徴として両者を比較すると，転がり軸受には内輪と外輪があり，この間に転動体が介在し，この転がりによって荷重を支えるのに対し，滑り軸受では荷重は面で支持される。詳しくは**表 2.1** の通りである。

　なお，転がり軸受は寸法が国際的に規格化されており，互換性，入手性に優れ，安価なため，広く使用されている。

表2.1 転がり軸受と滑り軸受

| 特性 | 転がり軸受 | 滑り軸受 |
|---|---|---|
| 構造 | 一般に内輪と外輪を有し，この間に玉またはころの転動体が介在し，この転がりによって回転荷重を支える。 | 荷重は面で支持され，じかに滑り接触する場合と，液体を媒体として膜厚で荷重を支える場合がある。 |
| 寸法 | 転動体が介在するため断面積が大きい。 | 断面積が小さい。 |
| 摩擦 | 起動時，回転中とも，摩擦トルクは非常に小さい。 | 起動時の摩擦トルク大。回転中は条件によっては小さいものもある。 |
| 内部すきま・剛性 | 内部すきまを負にして，軸受として剛性をもたせて使用することができる。 | すきま有の状態で使用。 |
| 潤滑 | 原則として潤滑剤が必要。グリース使用などで保守が容易。ごみに対しては敏感。 | 無潤滑で使用できるものがあり，一般にはごみに対しては比較的鈍感。油潤滑条件に充分な注意が必要。 |
| 温度 | 高温から低温まで使用可。潤滑剤により冷却効果が期待できる。 | 一般に高温および低温に限界あり。 |

## 2.2 転がり軸受の分類と特長

### 構造

　転がり軸受は基本的に4つ（外輪，内輪，転動体，保持器）の部品から構成されている。代表的な軸受について各部品の形状を**図2.1**に示す。

① 軌道輪（内輪と外輪）または軌道盤（JISではスラスト軸受の軌道輪を軌道盤と呼び，内輪を軸軌道盤，外輪をハウジング軌道盤と呼ぶ）

　転動体が転がる表面を軌道面と呼び，軸受にかかる荷重をその接触面で支え

| 軸受形式 | 完成品 | 部品 | | | |
| --- | --- | --- | --- | --- | --- |
| | | 外輪 | 内輪 | 転動体 | 保持器 |
| 深溝玉軸受 | | | | | |
| 円筒ころ軸受 | | | | | |
| 円すいころ軸受 | | | | | |
| 自動調心ころ軸受 | | | | | |
| 針状ころ軸受 | | | | | |

図2.1　代表的な転がり軸受の比較

ている。また，一般に内輪は軸と，外輪はハウジングとはめあわせて使われる。

② 転動体

転動体には大別すると玉ところがあり，ころは形状により円筒ころ，針状ころ，円すいころおよび球面ころに分類される。転動体は軌道輪間を転がりながら荷重を受ける役目をもっている。

③ 保持器

転動体を一定の間隔で正しい位置に保持するとともに，転動体が脱落することを防ぐ役目ももっている。加工方法によって，鉄板をプレスした打抜き保持器，削り出しによるもみ抜き保持器および樹脂成形保持器などがある。

## 分類

転がり軸受を構造上から分類すると，おおむね図 2.2 のようになる。このほかにもさまざまな形状をした軸受がある。軸受メーカーのカタログなどを参照願いたい。また，代表的な軸受各部の用語を図 2.3 に示す。

## 特長

（1） 玉軸受ところ軸受

玉軸受ところ軸受の比較を表 2.2 に示す。

表 2.2 玉軸受ところ軸受の比較

| | 玉 軸 受 | ころ 軸 受 |
|---|---|---|
| 軌道輪との接触状況 | 点接触。荷重を受けると接触面は楕円形となる。 | 線接触。荷重を受けると接触面は一般に長方形となる。 |
| 特 性 | 玉は点接触のため，転がり抵抗が小さく，低トルク，高速使用に適している。また音響にも優れている。 | 線接触のため回転トルクは玉より大きいが，剛性が高い。 |
| 負荷能力 | 負荷能力は小さいが，ラジアル軸受ではラジアルおよびアキシアル両方向の荷重を受けることができる。 | 負荷能力が大きい。つば付円筒ころ軸受では若干のアキシアル荷重も受けられる。円すいころ軸受では2個組合せにより大きな両方向のアキシアル荷重が受けられる。 |

2.2 転がり軸受の分類と特長

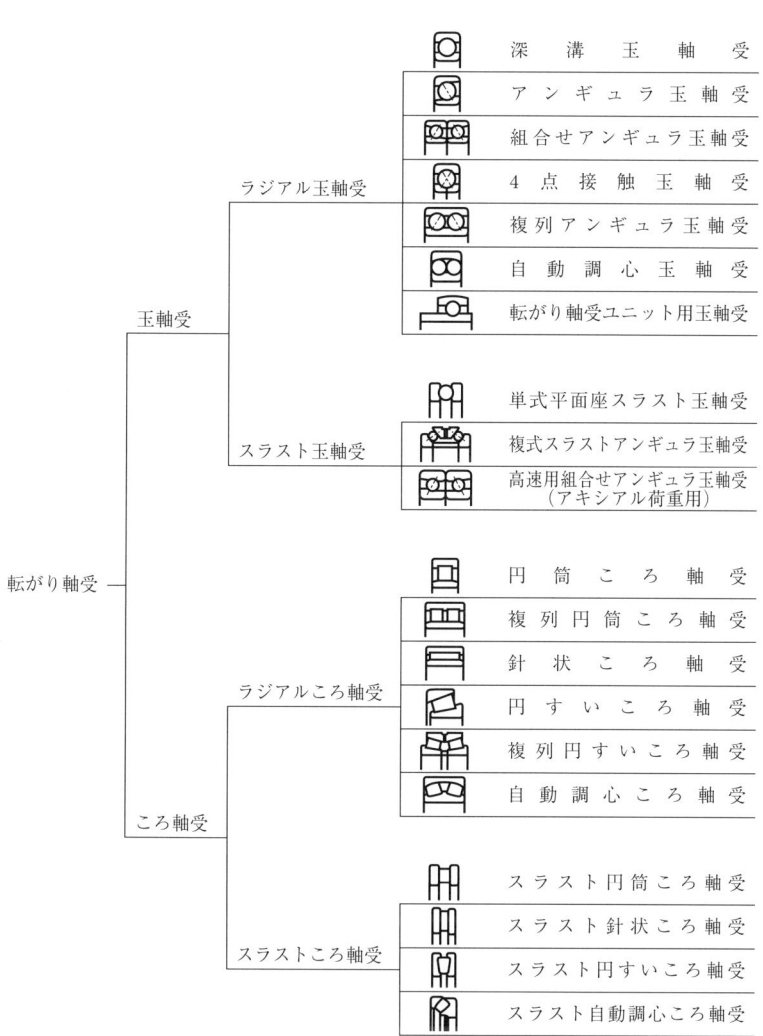

図2.2 転がり軸受の分類

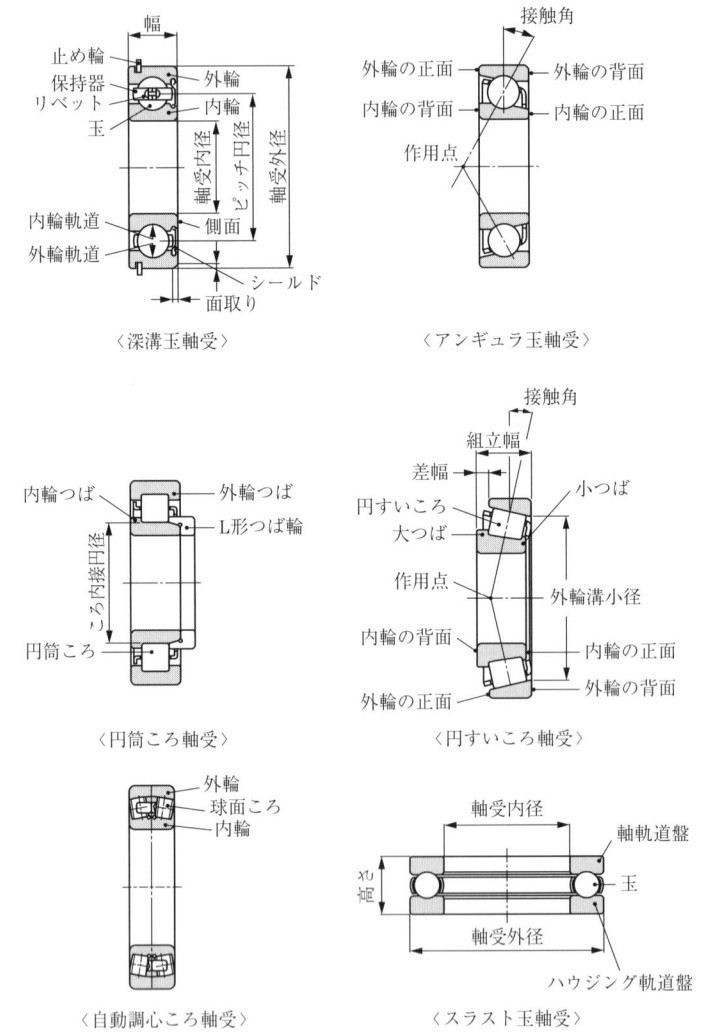

図 2.3　軸受各部の用語

## 2.2 転がり軸受の分類と特長

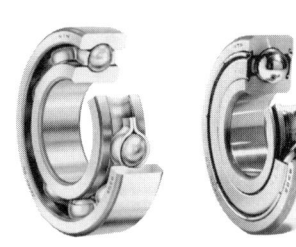

　　　開放形　　　　シールド形　　　シール形（非接触）

**図 2.4　深溝玉軸受**

**表 2.3　密封玉軸受の構造と特性（記号は NTN での例を示す）**

| 形式および記号 | シールド形 非接触形 ZZ | シール形 非接触形 LLB | シール形 接触形 LLU | シール形 低トルク形 LLH |
|---|---|---|---|---|
| 構造 | 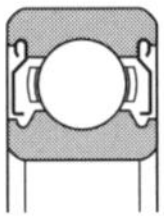 ・金属のシールド板を外輪に固定し，内輪シール面のV溝とのラビリンスすきまを形成。 | 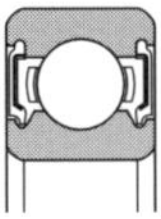 ・鋼板に合成ゴムを固着したシール板を外輪に固定し，シール先端部は内輪シール面のV溝に沿ってラビリンスすきまを形成。 | 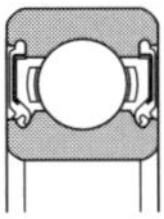 ・鋼板に合成ゴムを固着したシール板を外輪に固定し，シール先端部は内輪シール面のV溝側面に接触している。 | 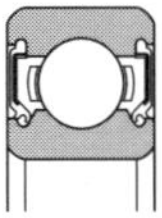 ・基本構造はLUと同じであるが，シール先端部のリップを特殊設計し，吸着防止のスリットを設け，低トルクシールを形成。 |
| 性能比較　摩擦トルク | 小 | 小 | やや大 | 中 |
| 性能比較　防塵性 | 良　好 | ZZ形より良好 | 最も優れる | LLB形より優れる |
| 性能比較　防水性 | 不　適 | 不　適 | きわめて良好 | 良　好 |
| 性能比較　高速性 | 開放形と同じ | 開放形と同じ | 接触シールによる限界がある | LLU形より優れる |
| 性能比較　許容温度範囲* | 潤滑剤による | －25 ℃～120 ℃ | －25 ℃～110 ℃ | －25 ℃～120 ℃ |

＊許容温度範囲は標準品について示している。

〈備考〉図は両シールド，シール形軸受を示すが，片シールド（Z），片シール（LB, LU, LH）形軸受も製作している。片シールド，片シール形軸受は通常グリースを封入していない。

## (2) 深溝玉軸受（図2.4，前頁）

最も一般的な軸受で，さまざまな分野で幅広く使われている。この軸受には，軸受メーカーで内部にグリースを封入し使いやすくしたシール形およびシールド形軸受がある（表2.3，前頁）。

また外輪取付け時の位置決めを考慮した止め輪付き軸受，ハウジングの温度による軸受はめあい面の寸法変化を吸収する膨張補正軸受，潤滑油中のごみに強い軸受などさまざまな軸受がある。

## (3) アンギュラ玉軸受（図2.5）

内輪，玉および外輪の接点を結ぶ直線がラジアル方向に対してある角度（接触角）をもっている軸受である。この軸受は基本的に3種類の接触角（表2.4）で設計され，アキシアル荷重を負荷することができるが，接触角をもつため1個では使用できず，対または組合せて使用しなければならない。

高速用として内部設計を見直したものもあり，カタログを参照願いたい。またこれら組合せ軸受（表2.5）の代わりに内輪と外輪をそれぞれ一体化した複列アンギュラ玉軸受（図2.6）もあり，これは25°の接触角をもっている。

一方，4点接触玉軸受は1つの軸受で両方向のアキシアル荷重を受けることができ，一般に純アキシアル荷重またはアキシアル荷重の大きい合成荷重の下で，2点接触状態で使用する。

アンギュラ玉軸受

4点接触玉軸受

複列アンギュラ玉軸受

図2.5　アンギュラ玉軸受

2.2 転がり軸受の分類と特長

表 2.4 接触角と記号

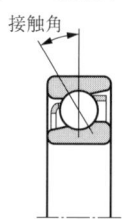

接触角と接触角記号

| 接触角 | 15° | 30° | 40° |
|---|---|---|---|
| 接触角記号 | C | A* | B |

＊接触角記号Aは軸受名称には省略する。

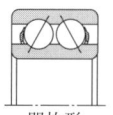
開放形

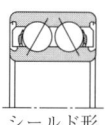
シールド形
（ZZ）

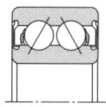
非接触シール形
（LLB）

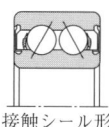
接触シール形
（LLU）

図 2.6 複列アンギュラ玉軸受

表 2.5 組合せアンギュラ玉軸受の組合せ形式と特徴

| 組合せ形式 | | 特　　徴 |
|---|---|---|
| 背面組合せ<br>（DB） | 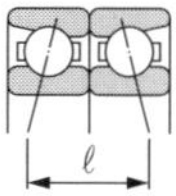 | ・ラジアル荷重と両方向のアキシアル荷重を受けることができる。<br>・軸受の作用点間距離 $l$ が大きいため，モーメント荷重の負荷能力が大きい。<br>・許容傾き角は小さい。 |
| 正面組合せ<br>（DF） | 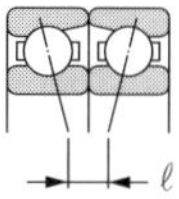 | ・ラジアル荷重と両方向のアキシアル荷重を受けることができる。<br>・軸受の作用点間距離 $l$ が小さくなり，モーメント荷重の負荷能力は小さい。<br>・許容傾き角は背面組合せより大きい。 |
| 並列組合せ<br>（DT） | 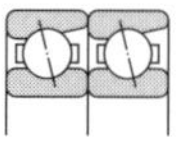 | ・ラジアル荷重と一方向のアキシアル荷重を受けることができる。<br>・2個でアキシアル荷重を受けるので，大きなアキシアル荷重を受けることができる。 |

〈備考1〉軸受の内部すきままたは予圧量を調整するためセットで製作されているので，同一の製品番号の軸受を組合せて使用しなければならない。
〈備考2〉3個以上の組合せもある。


### （4） 円筒ころ軸受（図 2.7）

　転動体がころのため負荷能力が大きく，ころは内輪または外輪のつばで案内されている。内輪または外輪が分離できるので組立がしやすく，いずれも固いはめあいをすることができる。また，内輪または外輪のいずれかがつばのない

# 第2章 ベアリングの基礎

   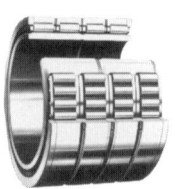

円筒ころ軸受　　　E形円筒ころ軸受　　　複列円筒ころ軸受　　　4列円筒ころ軸受

**図2.7　円筒ころ軸受**

**表2.6　円筒ころ軸受の形式と特徴**

| 形式記号 | 図　例 | | 特　徴 |
|---|---|---|---|
| NU形<br>N形 | NU形 | N形 | ・NU形は外輪に両つばがあり，「外輪ところおよび保持器の組立品」と内輪が分離できる。N形は内輪に両つばがあり，「内輪ところおよび保持器の組立品」と外輪が分離できる。<br>・アキシアル荷重をまったく受けることができない。<br>・自由側軸受として最も適した形式で広く使用されている。 |
| NJ形<br>NF形 | NJ形 | NF形 | ・NJ形は外輪に両つば，内輪に片つばがあり，NF形は外輪に片つば，内輪に両つばがある。<br>・一方向のアキシアル荷重を受けることができる。<br>・固定側，自由側に区別しない場合に，2個を近接して使用することがある。 |
| NUP形<br>NH形<br>（NJ＋HJ） | NUP形 | NH形 | ・内輪のつばがない側につば輪をつけたのがNUP形，NJ形にL形つば輪をつけたのがNH形で，それぞれのつば輪が分離するので内輪をアキシアル方向に固定する必要がある。<br>・両方向のアキシアル荷重を受けることができる。<br>・固定側軸受として使用することがある。 |

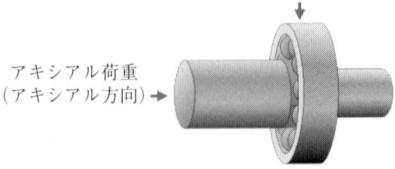

形式のものは軸方向に自由に動くので，軸の伸びを吸収するいわゆる自由側軸受として使うのに最適である。

一方，つばのある形式はころ端面とつばの間でわずかながらアキシアル荷重を受けることができる。さらにアキシアル負荷能力を高めるために，つばならびにころ端面形状を考慮したHT形，またラジアル負荷能力を高めるため内部設計を工夫したE形円筒ころ軸受もある。

基本的な形状を**表2.6**に示す。上記のほかに，さらに大きな荷重に適用するためにころを多列並べた軸受，保持器をなくして総ころ形式にしたSL形軸受などもある。

**（5） 針状ころ軸受（ニードルベアリング）（図2.8）**

転動体としてのころが直径6 mm以下で，長さが直径の3～10倍の小さな針状ころを用いた軸受である。転動体が針状ころであるため断面高さが小さく，寸法の割には負荷能力が大きく，本数が多いことから剛性も高く，また揺動運動にも適した軸受といえる。針状ころ軸受の形式や寸法には多くの種類があり，その中から機械，装置に適応した軸受を選び，かつその使用方法を誤らないためには軸受についての構造，特徴および適正な使用方法を知ることが必要である。**表2.7**に軸受の形式と特徴を示す。

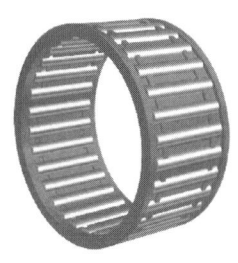
保持器付き針状ころ

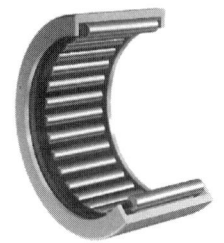
シェル形
針状ころ軸受

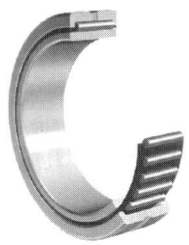
ソリッド形
針状ころ軸受

**図2.8 針状ころ軸受**

表 2.7 針状ころ軸受の形式と特徴

| 形式 | 構造 | 特　徴 |
|---|---|---|
| 保持器付き<br>針状ころ | | 針状ころおよび針状ころを案内し保持する保持器から構成される。軸およびハウジングを直接軌道面とするため，断面高さは小さく針状ころの直径に相当する（軸およびハウジングを直接軌道面とする場合，軸受の組込みが容易である）。 |
| シェル形<br>針状ころ軸受 | | 薄い特殊鋼板を精密深絞り加工した外輪と針状ころおよび針状ころを案内する保持器から構成される軸受である。外輪付き転がり軸受の中で最も断面高さが小さい形式であり，省スペース設計に適している。硬化および研削された軸または内輪を軌道面として使用する。 |
| ソリッド形<br>針状ころ軸受 | | 機械加工された外輪と針状ころおよび針状ころを案内する保持器から構成され，保持器または針状ころが外輪のつばまたは側板で案内されるため，分離できない構造の軸受である（つばがなく，分離できるものもある）。また，軸を直接軌道面として使用する場合のために，内輪なしの形式がある。 |

### ちょっとひと休み　英語では？——ニードルベアリング

　皆さんにとってニードルベアリングが一般的な言い方だが，日本語にすると針状ころ軸受。しかし，ここがくせ者！　実は「保持器付き針状ころ」は「保持器付き針状ころ軸受」ではない。保持器付き針状ころに外輪や内輪がつくと「針状ころ軸受」になる。出世魚ではないが，この違いがわかりますか？
　じゃあ，海外ではどうやって区別しているのだろうか？

【答】　　針状ころ軸受　　　　：ニードルローラベアリング
　　　　　　　　　　　　　　　　（needle roller bearing）
　　　　保持器付き針状ころ　　：ニードルローラ＆ケージアッセンブリ
　　　　（通称ケージ＆ローラ）　（needle roller and cage assembly）
　　　　　針状ころ　　　　　　：ニードルローラ（needle roller）

### 英語では？——シェル形

またしても聞き慣れない言葉！ シェルってなあに？ 表2.7中のシェル形針状ころ軸受の外輪は，薄い板からプレス加工により作られる。それはまるで殻（shell）のようなのでシェル形と。じゃあ，英語では shell bearing？ いえ，drawn cup needle roller bearing。やっぱり難解……。

#### （6） 円すいころ軸受（図2.9，図2.10）

内輪と外輪の軌道面およびころの円すいの頂点が，軸受の中心線上の一点で交わるように設計されている。このため，ころは軌道面上を内輪軌道面と外輪軌道面から受ける合成力によって，内輪大つばに押しつけられて案内されながら転がる。

ラジアル荷重を受けるとアキシアル方向の分力が生じるので，2個対応させて使用する必要がある。ころ付き内輪と外輪が分離するので，すきままたは予圧の状態での取付けが容易で便利であるが，組込みすきまの管理は難しいので注意が必要である。ラジアル荷重，アキシアル荷重とも大きな荷重を受けることができる。

なお，NTNの4T-，ET-，T-，ECO-およびU付き軸受は，ISOおよびJIS

単列円すいころ軸受

複列円すいころ軸受

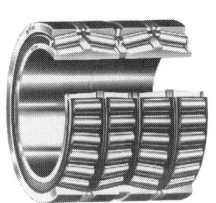

四列円すいころ軸受

図2.9　円すいころ軸受

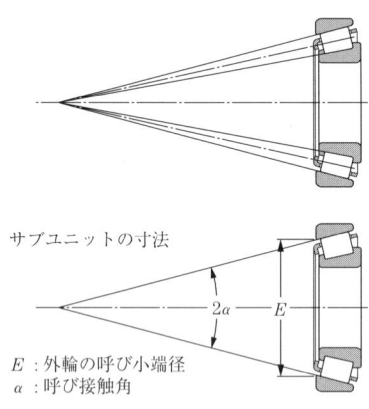

サブユニットの寸法

$E$：外輪の呼び小端径
$α$：呼び接触角

図2.10　円すいころ軸受

のサブユニット寸法（呼び接触角，外輪の呼び小端径）の規格に準拠しており，国際的に互換性がある。NTNでは，はだ焼鋼で長寿命化を図ったETA-やET-などの軸受がある。なお，このほかに2個の軸受を組合せた複列円すいころ軸受，さらに重荷重用として4列円すいころ軸受などがある。

**（7）　自動調心ころ軸受**（図2.11，表2.8）

軌道面が球面をした外輪と，2列のたる形転動体および内輪をもった軸受で軸の傾きなどに対応する調心性をもっている。内部設計の違いにより様々な形式の軸受がある。

図2.11　自動調心ころ軸受

表 2.8 自動調心ころ軸受の形式（NTN での例を示す）

| 形 式 | 標準形（B形） | C形 | 213形 | E形 |
|---|---|---|---|---|
| 構造図 | 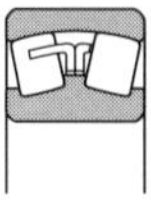 | 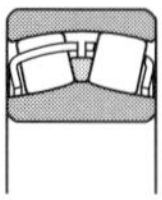 | 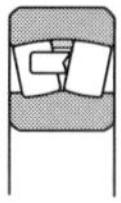 | 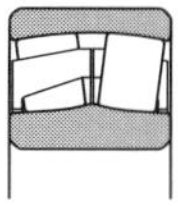 |
| 軸受系列 | C形に含まれないもの | 222,223,213の内径50mm以下，および24024〜24038 | 213の内径55mm以上 | 22211〜22218 |
| ころ | 非対称ころ | 対称ころ | 非対称ころ | 対称ころ |
| ころ案内方式 | 内輪と一体の中つばによる | 2列のころ列の間に配置した案内輪による | 外輪軌道に配置したころ列間の案内輪による | 高精度の保持器による（中つば，案内輪なし） |
| 保持器形式 | 打抜き保持器 もみ抜き保持器 | 打抜き保持器 | もみ抜き保持器 | 樹脂成形保持器 |

　内輪内径がテーパ穴をした軸受もあり，アダプタまたは取外しスリーブで軸に容易に取付けられ，また大きな荷重を受けられるので，多くの産業機械に使われている。アキシアル荷重が大きくなると片列のころが無負荷となり，いろいろな弊害が起こるので使用条件に注意が必要である。

### (8) トラックローラ（図2.12）

　高荷重および衝撃荷重に耐えることができるように，厚肉の外輪に保持器付き針状ころと側板（シール）や内輪を組込み，外輪回転用に設計された軸受で

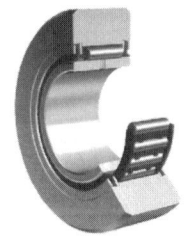

ローラフォロア　　　　　カムフォロア

図2.12　トラックローラ

ある。

　ローラフォロアの内輪の代わりにスタッド（**図2.13**参照）を組込んだ軸受がカムフォロアである（スタッドにはねじが切ってあり，取付けが容易）。

　両者には保持器をもたない総ころ形式もある。保持器をもつものは保持器によってころが案内されるため，比較的高速での使用に適している。総ころ形式はころ本数が多く，負荷容量が大きい。

　また，外輪外径面の形状には球面（クラウニング）（**図2.13**）と円筒面（**図2.14**）のものがあり，球面形状の外輪は取付け誤差による偏荷重の緩和に有効である。円筒面形状の外輪は相手トラック面との接触面積が大きいので，負荷荷重が大きい場合やトラック面の硬さが低い場合に適している。

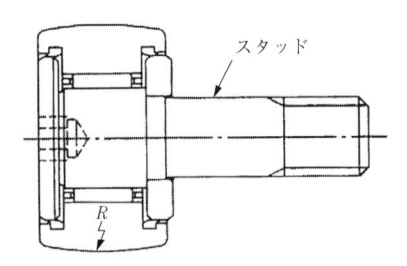

図2.13　外輪外径球面形状（クラウニング） 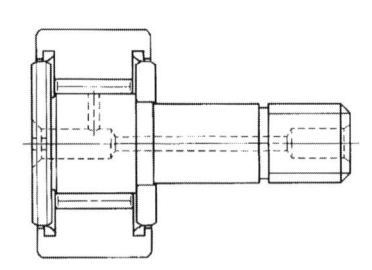　　　図2.14　外輪外径円筒面形状

---

**ちょっとひと休み　　ローラフォロア，カムフォロアって？**

　またまた，ややこしい名前登場。形は一般的な軸受。でもガイドローラ，偏芯ローラ，カムローラ，プレッシャーローラなど，軌道（トラック）上を外輪が転がり運動をする機構に使われるものを総称して，トラックローラと呼ぶ。内輪形式をローラフォロア（ヨーク形トラックローラとも）。内輪がスタッドに変わるとカムフォロア（スタッド形トラックローラとも）。

　とても覚えきれない？……。

## ちょっとひと休み 保持器の有無でどうなの？

保持器付き針状ころ軸受と総ころ形針状ころ軸受の比較

| 形式<br>項目 | 保持器付き<br>針状ころ軸受 | 総ころ形<br>針状ころ軸受 |
|---|---|---|
| ころのスキュー | ほとんどなし | 起こりやすい |
| 摩擦係数 | 小さい | 大きい |
| 温度上昇 | 低い | 高い |
| 許容回転数 | 高い | 低い |
| 負荷容量 | 総ころ形よりは小さい | 大きくとれる |

保持器付き針状ころ軸受は広く多用途に使用されるのに対し，総ころ形針状ころ軸受は負荷容量が大きくとれるため，高荷重，低速回転および揺動する箇所に適する。

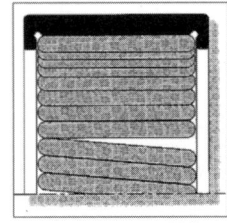

ころのスキュー状態

〈スキューとは〉総ころ形針状ころ軸受には保持器がなく，ころを正確に案内できないため不安定な動きをする。この不安定な動きの中のころの傾斜運動をスキューという。

## ここに注意！ カムフォロア，ローラフォロアには注意がいっぱい！

1）一般的には通常の荷重であれば外輪が破壊することはないが，衝撃荷重および重荷重時には外輪強度の検討が必要！
2）重荷重時にはカムフォロアのスタッド強度の検討が必要！
3）一般に片持ちでの取付けが多く，継続使用では，スタッドと取付け部材とのはめあいの緩みが発生しがち。（緩み→外輪の片当たり→破損）
4）軸受外輪外径と軌道（トラック）にも潤滑が必要。
（潤滑が無いと軸受の早期損傷発生！）

## （9） スラスト軸受（図2.15，表2.9）

転動体の形状および用途によってさまざまな形式の軸受がある。一般的に許容回転速度は低く、また潤滑には注意が必要である。**表2.9**に示した以外にも特定用途用として種々のスラスト軸受があり、専用カタログを参照願いたい。

単式スラスト玉軸受　　複式スラスト玉軸受

**図2.15　スラスト軸受**

**表2.9　スラスト軸受の形式と特徴**

| 形式 | 特徴 |
|---|---|
| ●単式スラスト玉軸受 | 内輪に相当する軸軌道盤と外輪に相当するハウジング軌道盤との間に保持器に保持されたボールを擁しており、一方向のアキシアル荷重のみ受けることができる。 |
| ●スラスト針状ころ軸受　プレス軌道盤／削り出し軌道盤 | 軌道盤に削り出し品を使用した軸受と鋼板のプレス品を使用した軸受とがあり、プレス品は断面高さがもっとも小さい。 |
| ●スラスト円筒ころ軸受 | 円筒ころが単列の軸受として一般的で、2列、3列ところを並べ、負荷容量を大きくしたものもある。 |
| ●スラスト自動調心ころ軸受　調心角 | ハウジング軌道盤（外輪）の軌道面が軸受中心軸に中心をもつ球面をしており、たる形の転動体を使用した調心性のある軸受で、大きなアキシアル荷重が負荷できる。なお、ころ端面、保持器など滑り面が多く、低速回転でも油潤滑が必要である。 |

## (10) ベアリングユニット（転がり軸受ユニット）（図2.16）

玉軸受を軸受箱の中に組み入れたユニット商品で，軸受箱を機械にボルト締めにより取付けるとともに，軸は止めねじで簡単に内輪に取付けることができる。すなわち軸受周りの設計がいっさい不要で，回転装置を支持することができる。軸受箱の形状によってピロー形，フランジ形などさまざまな形状の軸受箱が標準化されている。軸受外径部分は軸受箱の内径部形状同様に球面形状をしているので調心性をもっている。また潤滑のために軸受内にグリースが封入され，二重シールにより防塵効果をもたせている。

ベアリングユニットについては，第3章を参照願いたい。

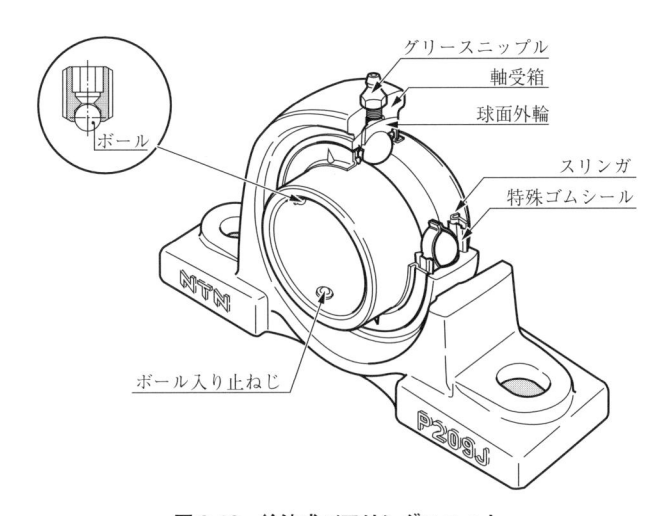

図2.16　給油式ベアリングユニット

## (11) プランマブロック（図 2.17，図 2.18）

　プランマブロックは，強固な鋳鉄製プランマブロック軸受箱と高性能な転がり軸受を組合せたユニットである。ベアリングユニットは，軸受と軸受箱がはじめから一体になっているのに対し，プランマブロックは別体になっている。自動調心性をもつ軸受と軸受箱とが任意に組合されるよう標準化されている。

　軸受としては，内輪内径がテーパ形状をした自動調心玉軸受および自動調心ころ軸受が使用されている。軸受と軸はアダプタスリーブによって固定される。したがって軸と軸受が先に取付けられ，その後軸受箱に組入れられる。そのため，軸受箱は上下に2分割または端部で軸方向に分割されている。

　高性能でかつ取扱いが容易なため，重要な大型機械装置から，一般の汎用設備に至るまで広く使用されている。

図 2.17　プランマブロック

2.3 軸受の選定

締付けボルト
振動・衝撃にゆるみ
にくい。

給油脂栓
潤滑剤の補給用。

シール
優れた密封性。

自動調心転がり軸受
自動調心玉軸受または自動調心ころ
軸受がプランマブロックに組込まれる。

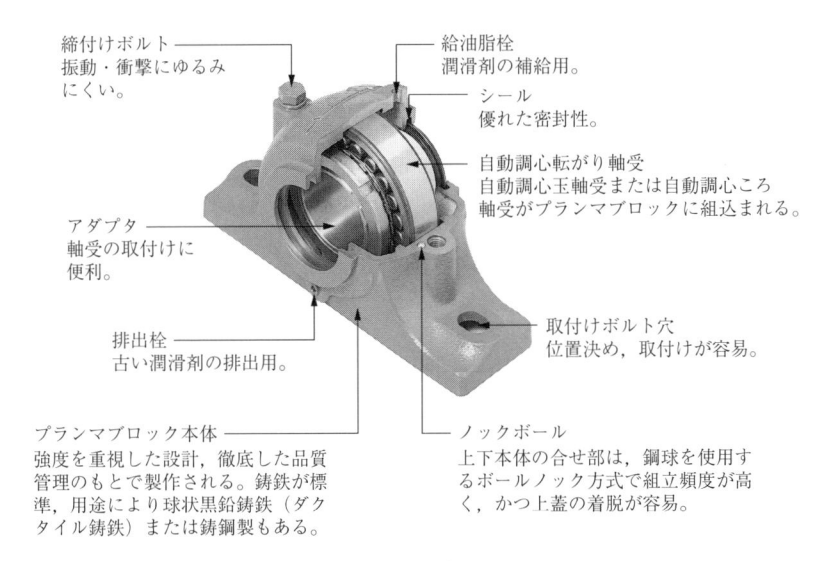

アダプタ
軸受の取付けに
便利。

排出栓
古い潤滑剤の排出用。

取付けボルト穴
位置決め、取付けが容易。

プランマブロック本体
強度を重視した設計、徹底した品質
管理のもとで製作される。鋳鉄が標
準、用途により球状黒鉛鋳鉄（ダク
タイル鋳鉄）または鋳鋼製もある。

ノックボール
上下本体の合せ部は、鋼球を使用す
るボールノック方式で組立頻度が高
く、かつ上蓋の着脱が容易。

図 2.18 プランマブロックの構造

## 2.3 軸受の選定

### 選定手順

　転がり軸受には，多くの種類と形式，寸法があり，最適の軸受を選定することは機械，装置の機能を期待通り発揮させるのに重要なことである。

　選定手順は種々あるが，一般的には図 2.19 の通りである。

### 形式と性能比較

　主な転がり軸受の性能比較一覧を，表 2.10 に示す。

| 手　順 | 確　認　事　項 |
|---|---|
| 使用条件<br>環境条件 の確認 | ●機械装置の機能，構造　●軸受の使用箇所<br>●軸受荷重（大きさ・方向）　●回転速度　●振動・衝撃<br>●軸受温度（周囲温度・温度上昇）　●雰囲気（腐食性・清浄度・潤滑性） |
| 軸受の形式・配列の選定 | ●軸受の許容スペース　●軸受荷重（大きさ・方向・振動，衝撃の有無）<br>●回転速度　●回転精度　●剛性　●内輪，外輪の傾き　●トルク<br>●軸受の配列（自由側，固定側）　●取付け・取外し　●市場性・経済性 |
| 軸受寸法の選定 | ●機械装置の設計寿命　●動等価荷重と軸受寿命<br>●安全係数　●許容回転速度　●許容アキシアル荷重<br>●許容スペース |
| 軸受精度の選定 | ●回転軸の振れ精度<br>●回転速度　●トルク変動 |
| 軸受内部すきまの選定 | ●軸，ハウジングの材質，形状　●はめあい<br>●内輪・外輪の温度差　●内輪・外輪の傾き<br>●荷重（大きさ・性質）　●予圧量　●回転速度 |
| 保持器形式・材質の選定 | ●回転速度　●音響　●振動・衝撃　●モーメント荷重<br>●潤滑方式 |
| 潤滑方法・潤滑剤密封<br>方法の選定 | ●使用温度　●回転速度　●潤滑方式<br>●密封方式　●保守・点検 |
| 軸受の特殊仕様の選定 | ●使用環境（高温・低温，真空，薬品など）<br>●高信頼性 |
| 取扱い方法の確認 | ●取付け関係寸法　●組立，分解手順 |

図 2.19　軸受の選定基準

表 2.10 転がり軸受の形式と性能比較

| 特性＼軸受形式 | 深溝玉軸受 | アンギュラ玉軸受 | 円筒ころ軸受 | 針状ころ軸受 | 円すいころ軸受 | 自動調心ころ軸受 | スラスト玉軸受 |
|---|---|---|---|---|---|---|---|
| 負荷能力 ラジアル荷重／アキシアル荷重 | ↕↔ | ↕↔ | ↕← | ↕ | ↕↔ | ↕↔ | ← |
| 高速回転[*1] | ☆☆☆☆ | ☆☆☆☆ | ☆☆☆☆ | ☆☆☆ | ☆☆☆ | ☆☆ | ☆ |
| 低騒音・振動[*1] | ☆☆☆☆ | ☆☆☆ | ☆ | | ☆ | | ☆☆ |
| 低摩擦トルク[*1] | ☆☆☆ | ☆☆☆ | ☆ | | | | |
| 高剛性[*1] | | | ☆☆ | ☆☆ | ☆☆ | ☆☆☆ | |
| 内輪・外輪の許容傾き[*1] | ☆ | | | | | ☆☆☆ | |
| 内輪・外輪の分離[*2] | | | ○ | ○ | ○ | | ○ |

\*1 ☆印は数が多いほどその特性が優れていることを示す。
\*2 ○印は内輪と外輪が分離可能な軸受形式であることを示す。

## 軸受の配列（表 2.11）

　一般に軸は 2 個の軸受でラジアル方向，アキシアル方向に支えられている。このとき，軸とハウジングとの相対的なアキシアル方向の移動を固定している側を固定側軸受，移動を可能にしている側を自由側軸受と呼ぶ。これによって温度変化による軸の伸縮を逃がしたり，取付け誤差を吸収することができる。自由側軸受としての逃がし方は，円筒ころ，針状ころ軸受のように内輪，外輪が分離できるものは軌道面で逃がし，深溝玉軸受，球面ころ軸受など非分離の軸受でははめあい面でアキシアル方向に動くように設計する。

　軸受間隔が短い場合は固定側，自由側の区別なく使用できることもある。このときはアンギュラ玉軸受，円すいころ軸受のように 2 個対向させて使用する方法が多くとられる。

## 表 2.11(1) 軸受配列例（固定側・自由側に区別する場合）

| 配列図 | | 摘要 | 使用例（参考） |
|---|---|---|---|
| 固定側 | 自由側 | | |
|  |  | 1. 小形機械の一般的な配列例である。<br>2. ラジアル荷重のほかに，ある程度のアキシアル荷重も負荷できる。 | 小形ポンプ<br>自動車変速機など |
|  |  | 1. 重荷重が負荷できる。<br>2. 固定側軸受を背面組合せにして予圧を与え，軸系の剛性を高めることができる。<br>3. 軸，ハウジングの精度を良くして取付け誤差を小さくする必要がある。 | 一般産業機械の減速機など |
|  |  | 1. 重荷重，衝撃荷重用として一般産業機械に多く使用される。<br>2. 取付け誤差，軸のたわみもある程度許容できる。<br>3. ラジアル荷重とある程度の両方向のアキシアル荷重が負荷できる。 | 一般産業機械の減速機など |

## 表 2.11(2) 軸受配列例（固定側・自由側に区別しない場合）

| 配列図 | 摘要 | 使用例（参考） |
|---|---|---|
| ばねまたはシム | 1. 小形機械の一般的な使い方である。<br>2. 外輪側面にばねまたは調整したシムを入れて予圧する場合がある。 | 小形電動機<br>小形減速機など |
| 背面取付け<br>正面取付け | 1. 重荷重，衝撃荷重に耐えることができ，広範囲に使用される。<br>2. 予圧を与え軸系の剛性を高めることができるが，過大予圧にならないよう注意を要する。<br>3. 背面取付けはモーメント荷重が作用するときに，また正面取付けは取付け誤差があるときに適している。<br>4. 正面取付けは内輪をしまりばめにするとき，取付けが容易である。 | 減速機<br>自動車前輪，後輪の車軸など |

> ### ここに注意！ 選定方法の1つの考え方
>
> 軸受選定方法にはいくつかあるが，軸受形式別に考えてみたらどうなるであろうか。これが正解という訳ではないが，1つの考え方として，まず標準の深溝玉軸受を選ぶこと。入手性が良く，標準的なサイズであれば量産されているので，価格も比較的安い。また，ころ軸受に比べてトルク，回転音も小さい，取付け誤差に強いことから周辺部品の精度に鈍感，という特長がある。さらに，グリースを封入したシール付きやシールド板付きがあり，使いやすい。
> また，玉軸受だと計算寿命が短い，剛性が足りないなどで満足できない場合は，次のステップとして，ころ軸受を選ぶことをお勧めする。
> その他，組み立て方や，分解・補修時の工数，潤滑装置の価格・メンテナンス費用も考慮した総合的な判断で軸受形式を選ぶのが理想的である。

## 2.4 主要寸法と呼び番号

### 主要寸法

転がり軸受の主要寸法は，図 2.20～図 2.22 に示すように，軸受内径，外径，幅または高さ，面取り寸法であり，軸およびハウジングに取付けるとき必要な寸法である。主要寸法は ISO 規格で標準化されており，日本では JIS 規格で規定されている。

メートル系転がり軸受の内径は 0.6～2,500 mm の範囲で標準寸法が定められている。また，この内径に対し，軸受の断面の大きさを表示するために直径系列，幅系列などを記号で表示するよう定められている（表 2.12）。

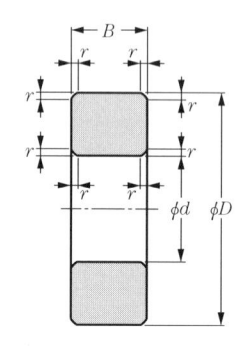

図 2.20　ラジアル軸受
（円すいころ軸受を除く）

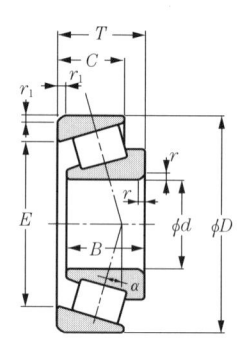

図 2.21　円すいころ軸受

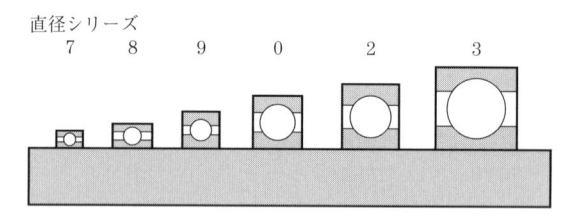

図 2.22　ラジアル軸受の直径系列

表 2.12　寸法系列記号

| | | 寸法系列 | |
|---|---|---|---|
| | | 直径系列（外径寸法） | 幅系列（幅寸法） |
| ラジアル軸受<br>（円すいころ軸受を除く） | 記号 | 7．8．9．0．1．2．3．4 | 8．0．1．2．3．4．5．6 |
| | 寸法 | 小 ←―――→ 大 | 小 ←―――→ 大 |
| 円すいころ軸受 | 記号 | 9．0．1．2．3 | 0．1．2．3 |
| | 寸法 | 小 ←→ 大 | 小 ←→ 大 |

### ここに注意！　軸受交換時の寸法

　主要寸法以外は，軸受メーカーに一任されているので，軸受を新品に交換するときには注意が必要である。たとえば，円すいころ軸受の保持器は鉄板のプレス保持器が多いが，保持器の寸法は軸受メーカーによってそれぞれ異なる。軸受に近接する周辺部品があるときは，事前に部品の干渉がないことをカタログの取付け寸法で確認しておく必要がある。

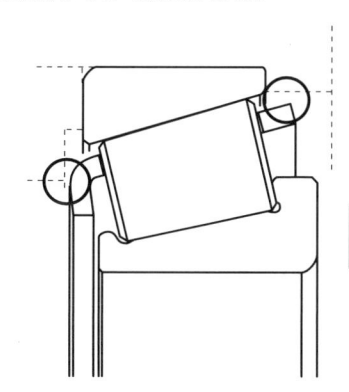

周辺部品と保持器の干渉に注意（○部分）

## 呼び番号

　図 2.23 に呼び番号の例を示す（NTN の例）。

　基本番号は JIS で決まっているが，その他の補助記号はメーカーが独自の記号を使っていることが多い。

## 第 2 章 ベアリングの基礎

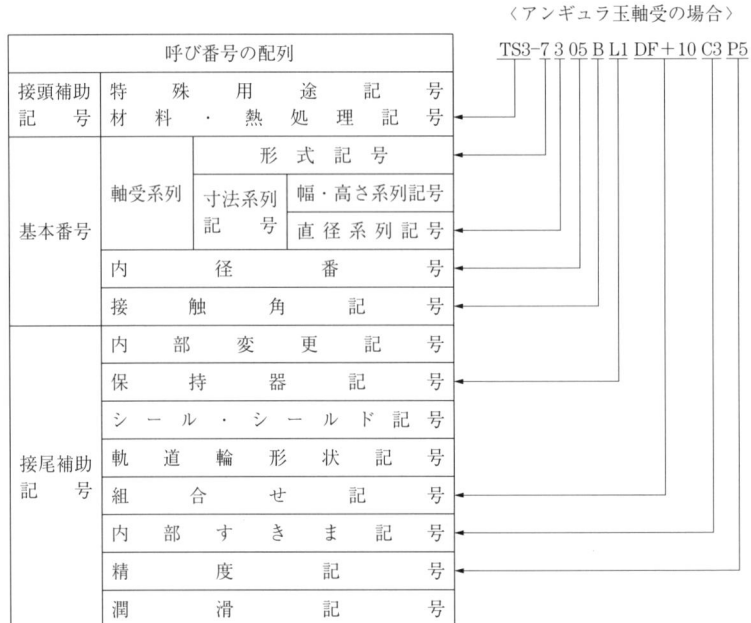

〈アンギュラ玉軸受の場合〉
TS3-7 3 05 B L1 DF＋10 C3 P5

| 呼び番号の配列 | | | |
|---|---|---|---|
| 接頭補助記号 | 特　殊　用　途　記　号 | | |
| | 材　料・熱　処　理　記　号 | | |
| 基本番号 | 軸受系列記号 | 形　式　記　号 | |
| | | 寸法系列記号 | 幅・高さ系列記号 |
| | | | 直径系列記号 |
| | 内　　　径　　　番　　　号 | | |
| | 接　触　角　記　号 | | |
| 接尾補助記号 | 内　部　変　更　記　号 | | |
| | 保　持　器　記　号 | | |
| | シ　ー　ル・シ　ー　ル　ド　記　号 | | |
| | 軌　道　輪　形　状　記　号 | | |
| | 組　合　せ　記　号 | | |
| | 内　部　す　き　ま　記　号 | | |
| | 精　度　記　号 | | |
| | 潤　滑　記　号 | | |

＊内径寸法 $\phi$20mm 以上，$\phi$500mm 未満については，内径寸法を 5 で割った数字が内径番号になる。詳細内容は軸受メーカーのカタログや JIS を参照願いたい。

**図 2.23　呼び番号の例**

## 2.5　軸受の精度

### 寸法精度と回転精度

　軸受の精度として，寸法精度と回転精度が ISO 規格および JIS 規格によって規定されている。

〈寸法精度〉
- 内径，外径，幅，組立幅の許容差

- 面取り寸法，テーパ穴の許容差

〈形状精度〉
- 内径不同，平均内径不同，外径不同，平均外径不同の許容値
- 軌道輪の幅不同または高さ不同（スラスト軸受の場合）の許容値

〈回転精度〉
- 内輪，外輪のラジアル振れおよびアキシアル振れの許容値
- 内径に対する内輪側面の直角度の許容値
- 側面に対する外輪外径の直角度の許容値

JIS規格では精度等級が決められており，JIS 0級（一般に並級ともいう）→6級→5級→4級→2級の順に精度が高くなる（表2.13）。

なお，JIS以外にもさまざまな規格があり（表2.14），よく聞かれるものを参考資料として113頁に示した。

表2.13　軸受形式と適用規格および精度等級

| 軸受形式 | | 適用規格 | 精度等級 | | | | |
|---|---|---|---|---|---|---|---|
| 深溝玉軸受 | | JIS B 1514 (ISO 492) | 0級 | 6級 | 5級 | 4級 | 2級 |
| アンギュラ玉軸受 | | | 0級 | 6級 | 5級 | 4級 | 2級 |
| 自動調心玉軸受 | | | 0級 | — | — | — | — |
| 円筒ころ軸受 | | | 0級 | 6級 | 5級 | 4級 | 2級 |
| 針状ころ軸受 | | | 0級 | 6級 | 5級 | 4級 | — |
| 自動調心ころ軸受 | | | 0級 | — | — | — | — |
| 円すいころ軸受 | メートル系 | JIS B 1514 | 0級, 6X級 | 6級 | 5級 | 4級 | — |
| | インチ系 | ANSI／ABMA Std. 19 | Class 4 | Class 2 | Class 3 | Class 0 | Class 00 |
| | J系 | ANSI／ABMA Std. 19.1 | ClassK | ClassN | ClassC | ClassB | ClassA |
| スラスト玉軸受 | | JIS B 1514 (ISO 199) | 0級 | 6級 | 5級 | 4級 | — |
| スラスト自動調心ころ軸受 | | | 0級 | — | — | — | — |

表 2.14　精度等級の比較

| 規格 | 適用規格 | 精度等級 | | | | | 軸受形式 |
|---|---|---|---|---|---|---|---|
| 日本工業規格（JIS） | JIS B 1514 | 0級, 6X級 | 6級 | 5級 | 4級 | 2級 | 全形式 |
| 国際規格（ISO） | ISO 492 | Normal class<br>Class 6X | Class 6 | Class 5 | Class 4 | Class 2 | ラジアル軸受 |
| | ISO 199 | Normal Class | Class 6 | Class 5 | Class 4 | — | スラスト玉軸受 |
| | ISO 578 | Class 4 | — | Class 3 | Class 0 | Class 00 | 円すいころ軸受インチ系 |
| | ISO 1224 | — | — | Class 5 A | Class 4 A | — | 計器用精密軸受 |
| ドイツ規格（DIN） | DIN 620 | P 0 | P 6 | P 5 | P 4 | P 2 | 全形式 |
| アメリカ規格（ANSI） | ANSI／ABMA Std. 20 [注1] | ABEC-1<br>RBEC-1 | ABEC-3<br>RBEC-3 | ABEC-5<br>RBEC-5 | ABEC-7 | ABEC-9 | ラジアル軸受（円すいころ軸受を除く） |
| アメリカベアリング工業会規格（ABMA） | ANSI／ABMA Std. 19.1 | ClassK | ClassN | ClassC | ClassB | ClassA | 円すいころ軸受メートル系 |
| | ANSI／ABMA Std. 19 | Class 4 | Class 2 | Class 3 | Class 0 | Class 00 | 円すいころ軸受インチ系 |

注1）ABEC は玉軸受に，RBEC はころ軸受に適用する。
備考 1．JIS B 1514, ISO 492, 199 および DIN 620 は同等である。
　　 2．JIS B 1514 と ABMA 規格とは，許容差または許容値が若干相違する。

## 2.6　定格荷重と寿命

### 軸受の寿命

　軸受選定にあたって，最も重要な要因の1つに軸受寿命がある。軸受寿命には機械に要求される機能によってさまざまな寿命が考えられる。
　〈疲労寿命〉材料疲労による転がり疲れ寿命。
　〈潤滑寿命〉潤滑剤の劣化による焼付きなどの寿命。
　〈音響寿命〉回転音の増大により，軸受機能として支障をきたす寿命。
　〈摩耗寿命〉軸受内部の摩耗，内径または外径摩耗により軸受機能に支障を
　　　　　　きたす寿命。

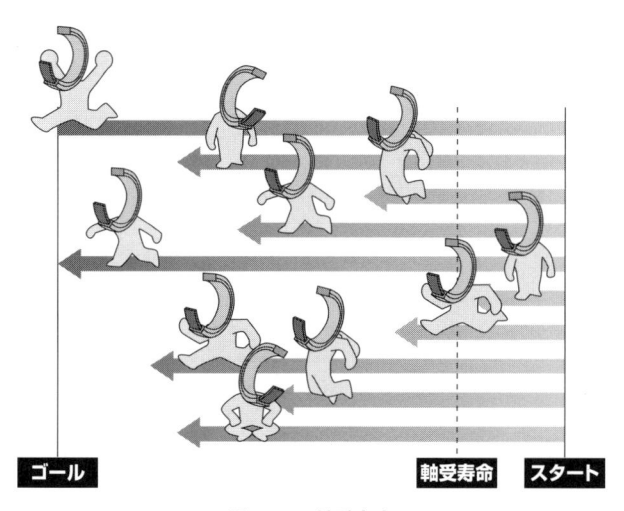

図 2.24　軸受寿命

〈精度寿命〉機械に要求される回転精度が劣化し使用不能となる寿命。

　このうち疲労寿命は軌道輪と転動体との間の繰返し負荷応力により，材料が疲労してはく離（フレーキング）を起こす現象で，統計的手法により計算で寿命を予測できる。一般にはこの疲労寿命を軸受寿命として取扱っている。

## 基本定格寿命と基本動定格荷重

　一群の同じ軸受を同一条件で個々に回転させたとき，その90％（信頼度90％）が転がり疲れによるはく離（フレーキング）を生じることなく回転できる総回転数を，基本定格寿命と定義している（**図 2.24**）。

　また，基本動定格荷重とは，転がり軸受の動的負荷能力を表すもので，100万回転の基本定格寿命を与えるような一定の荷重をいう。

　ラジアル軸受では，純ラジアル荷重，スラスト軸受では純アキシアル荷重で表し，それぞれ基本動定格荷重 $C_r$ または $C_a$ でカタログ（**図 2.25**）の寸法表に表示している。

## 第2章　ベアリングの基礎

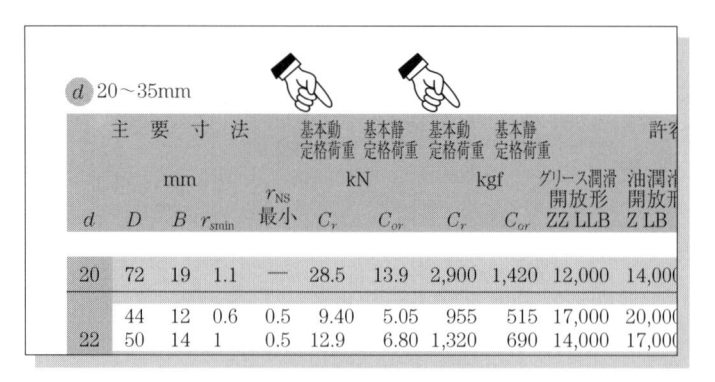

| d 20〜35mm | | | | | | | | | | |
|---|---|---|---|---|---|---|---|---|---|---|
| 主要寸法 | | | | | 基本動定格荷重 | 基本静定格荷重 | 基本動定格荷重 | 基本静定格荷重 | | 許容 |
| mm | | | | | kN | | kgf | | グリース潤滑 開放形 | 油潤滑 開放形 |
| $d$ | $D$ | $B$ | $r_{smin}$ | $r_{NS}$ 最小 | $C_r$ | $C_{or}$ | $C_r$ | $C_{or}$ | ZZ LLB | Z LB |
| 20 | 72 | 19 | 1.1 | — | 28.5 | 13.9 | 2,900 | 1,420 | 12,000 | 14,000 |
| | 44 | 12 | 0.6 | 0.5 | 9.40 | 5.05 | 955 | 515 | 17,000 | 20,000 |
| 22 | 50 | 14 | 1 | 0.5 | 12.9 | 6.80 | 1,320 | 690 | 14,000 | 17,000 |

図 2.25　基本動定格荷重

### ここに注意！　軸受の寿命計算と転動体

長めの計算寿命を望むあまり，大きな基本動定格荷重の軸受を選ぶことがある。大きな基本動定格荷重の軸受は，大抵の場合，転動体が大きく，この軸受を極端な軽荷重で高速回転させると，転動体が滑り，発熱から表面損傷（スミアリングなど）を起こすことがある。表面損傷は計算では予測できないため，早期に損傷が起きることもある。転がり軸受は，転動体がうまく自転する条件で使う必要がある。

大形減速機などで，減速機単体の出荷試験では外部から負荷を与えることが難しい場合，軸や歯車の自重程度の軽荷重で高速運転される場合がある。この場合，高速回転する軸受で，表面損傷が発生する事例がある。極端に長い計算寿命を求める場合などは，要注意である。

また，転動体がうまく転がらないと，転がり軸受の特長である低回転トルクが得られず，トルクが大きくなる場合がある。これは，転がり摩擦でなく滑り摩擦が支配的になっているときに起こる。無負荷での試運転で，準備したモータではトルク容量不足で運転できなかった事例がある。

つまり，適切な負荷を与える必要がある。その適切な負荷荷重については軸受メーカーに確認が必要である

## 2.6 定格荷重と寿命

基本定格寿命は，式(2.1)または式(2.2)で求められる。

$$L_{10} = (C/P)^p \tag{2.1}$$

$$L_{10h} = (10^6/60\,n) \cdot (C/P)^p \tag{2.2}$$

ここで，

$L_{10}$：基本定格寿命 （$10^6$ 回転）

$L_{10h}$：基本定格寿命 （h（時間））

$C$：基本動定格荷重 （N｛kgf｝）

　　$C_r$：ラジアル軸受

　　$C_a$：スラスト軸受

$P$：動等価荷重 （N｛kgf｝）

　　$P_r$：ラジアル軸受

　　$P_a$：スラスト軸受

$n$：回転速度 （min$^{-1}$）

$p$：玉軸受　$p = 3$

　　ころ軸受　$p = 10/3$

いくつかの軸受を組込んだ機械装置において，いずれかの軸受が転がり疲れによって破損するまでの寿命を軸受全体の総合寿命と考えると，式(2.3)で求めることができる。

$$L = \frac{1}{\left(\dfrac{1}{L_1^e} + \dfrac{1}{L_2^e} + \cdots + \dfrac{1}{L_n^e}\right)^{1/e}} \tag{2.3}$$

ここで，

$L$：軸受全体としての総合基本定格寿命 （h）

$L_1,\ L_2 \cdots L_n$：個々の軸受 1，2…$n$ の基本定格寿命 （h）

$e$：玉軸受　$e = 10/9$，ころ軸受　$e = 9/8$

1つの軸受において，一定の時間的割合で荷重条件が変化する場合には，式(2.4)で寿命が求められる。

$$L_m = (\textstyle\sum \phi_j / L_j)^{-1} \tag{2.4}$$

ここで,
　　$L_m$：軸受の総合寿命
　　$\phi_j$：各条件の使用頻度（$\sum \phi_j = 1$）
　　$L_j$：各条件における寿命

さらに，機械装置全体の軸受寿命としては式(2.3)で求められる。

なお，寿命についてもう少しわかりやすくいうと，たとえば玉軸受の場合，式(2.2)を見ると，荷重（動等価荷重）が2倍になると3乗で影響するので，寿命は1/8に減少する。

また回転速度が2倍になると，寿命は1/2になることがわかる。

## 修正定格寿命

異なる信頼度の寿命計算や，特殊な潤滑条件や汚染状態で使用される場合，より正確な寿命計算が要求されるようになってきた。これに対応するため，新規にISOで以下の考え方が制定された。

現在の高品質の軸受鋼では，運転状態が良好で，転動体による特定のヘルツ接触応力以下で，軸受鋼の疲労限を超えなければ，$L_{10}$ 寿命に比べて非常に長い軸受寿命が得られることがわかっている。一方，好ましくない運転状態では，その軸受寿命は $L_{10}$ 寿命より短くなる。これらの補正のため，修正係数 $a_1$ に加え，寿命修正係数 $a_{ISO}$ を使用して計算寿命を修正する。この係数は，修正定格寿命式で次のように用いる。

$$L_{nm} = a_1 \cdot a_{ISO} \cdot L_{10} \tag{2.5}$$

ここで,
　　$L_{nm}$：修正定格寿命　$10^6$ 回転
　　$a_1$：信頼度係数
　　$a_{ISO}$：寿命修正係数

### （1）信頼度係数 $a_1$

軸受寿命は一般に信頼度90％で算出されるが，たとえば航空機のエンジン

表2.15 寿命補正値

| 信頼度(%) | $L_{nm}$ | $\alpha_1$ |
|---|---|---|
| 90 | $L_{10m}$ | 1 |
| 95 | $L_{5m}$ | 0.64 |
| 96 | $L_{4m}$ | 0.55 |
| 97 | $L_{3m}$ | 0.47 |
| 98 | $L_{2m}$ | 0.37 |
| 99 | $L_{1m}$ | 0.25 |
| 99.2 | $L_{0.8m}$ | 0.22 |
| 99.4 | $L_{0.6m}$ | 0.19 |
| 99.6 | $L_{0.4m}$ | 0.16 |
| 99.8 | $L_{0.2m}$ | 0.12 |
| 99.9 | $L_{0.1m}$ | 0.093 |
| 99.92 | $L_{0.08m}$ | 0.087 |
| 99.94 | $L_{0.06m}$ | 0.080 |
| 99.95 | $L_{0.05m}$ | 0.077 |

に使用される軸受で，その寿命が直接人命にかかわる場合などは90%以上の信頼度が必要である。このような場合，**表2.15**の値で寿命補正を行う。

**(2) 修正寿命係数 $a_{ISO}$**

現在の高品質の軸受鋼を使用し，高精度に製造された軸受は，潤滑条件や清浄度および他の運転条件が良好なら，ある荷重下（疲労限応力約1,500 MPa以下）では無限寿命が得られる。しかし，多くの用途では接触応力は1,500 MPaより大きく，しかも運転条件によって負荷応力が上昇し，その分軸受寿命が短くなる。その場合，軸受鋼の疲労限応力（$\sigma_u$）を考慮し，軸受寿命に対する潤滑と異物の影響を考慮した修正寿命係数 $a_{ISO}$ で計算寿命を補正する。

修正寿命係数 $a_{ISO}$ は，疲労限応力を実際の応力（$\sigma$）で割った $\sigma_u/\sigma$ を疲労限荷重（$C_u$）と等価荷重（$P$）の比 $C_u/P$ に変換した関数で表され，グラフ化されている。

## ここに注意! 従来の寿命計算式

従来の寿命式（補正定格寿命）は，以下の通りである。

$$L_{na} = \alpha_1 \cdot \alpha_2 \cdot \alpha_3 \cdot L_{10}$$

ここに，$L_{na}$：補正定格寿命（$10^6$ 回転）

　　　　$\alpha_1$：信頼度係数

　　　　$\alpha_2$：軸受特性係数

　　　　$\alpha_3$：使用条件係数

高炭素クロム軸受鋼の軸受を 120℃ 以上で長時間使用すると通常の熱処理では寸法変化が大きいので，寸法安定化処理（TS 処理）を行った軸受が使われる。処理温度により硬さが低下するので寿命に影響することがある（**表 2.16**）。

なお，寸法安定化処理により $\alpha_2$ 係数を考慮したものは，それぞれの最高使用温度内での使用を遵守すれば**図 2.26** での補正は必要ない。

また，基本定格寿命を求める式(2.1)，式(2.2)および式(2.5)は非常に大きな荷重が作用しているときは，転動体と軌道輪との接触面に有害な塑性変形を生じるおそれがあり，ラジアル軸受では $P_r$ が $C_{or}$ または $0.5 C_r$ のいずれかを超える場合，スラスト軸受では $P_a$ が $0.5 C_a$ を超える場合には適用できないことがある。$a_3$ は，使用温度を考慮して**図 2.26** から求める。

表 2.16　寸法安定化処理

| 記号 | 最高使用温度（℃） | 軸受特性係数 $\alpha_2$ |
|---|---|---|
| TS 2 | 160 | 1.0 |
| TS 3 | 200 | 0.73 |
| TS 4 | 250 | 0.48 |

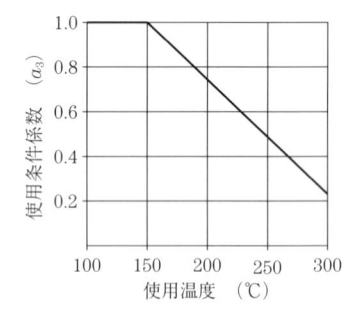

図 2.26　使用温度による使用条件係数

## 2.6 定格荷重と寿命

> **ちょっとひと休み**　**長寿命化の秘訣？**
>
> 　とかく潤滑条件が厳しく，軌道面が粗いところで使われがちな針状ころ軸受。本来の寿命をまっとうできないまま表面損傷で使えなくなる。そこで，特殊な表面加工（HL加工）により油膜形成能力を向上させ，長寿命化を図る技術が開発され，ユーザーから好評を得ている。
>
> 　HL（High Lubrication）加工：表面（転動面）に大きさ数十 $\mu m$ 程度の微小凹部が無数にランダムに存在することにより，油膜形成能力が向上する。 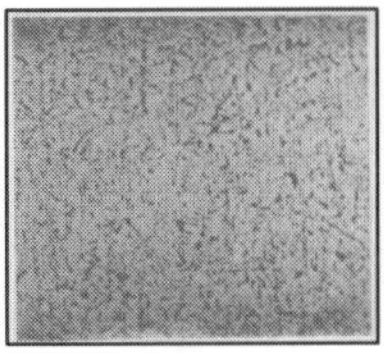
>
> HL加工 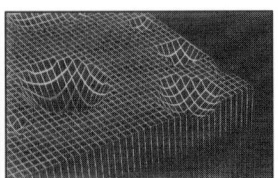　　　表面の模式図 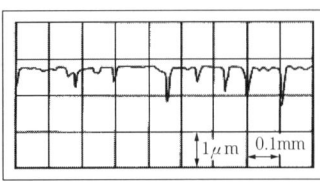　　　粗さ波形

## 使用機械と必要寿命

　軸受選定には，その機械に必要な軸受寿命が要求される。一般に目安となる必要寿命時間を，**表 2.17** に示す。

## 基本静定格荷重

　最大転動体荷重の接触応力が，次の値となるような軸受荷重を基本静定格荷重と定義している。

　　　玉軸受　　4,200 MPa　{428 kgf/mm$^2$}
　　　ころ軸受　4,000 MPa　{408 kgf/mm$^2$}

　この値は軌道面と転動体との接触部の荷重負荷により，ほぼ転動体直径の 0.0001 倍の永久変形が生じる荷重に相当し，この変形量は軸受に円滑な回転

表 2.17 使用機械と必要寿命時間（参考）

| 使用区分 | 使用機械と必要寿命時間　$L_{10h} \times 10^3$ 時間 | | | | |
|---|---|---|---|---|---|
| | ～4 | 4～12 | 12～30 | 30～60 | 60～ |
| 短期間，またはときどき使用される機械 | 家庭用電気機器<br>電動工具 | 農業機械<br>事務機械 | | | |
| 短期間，またはときどきしか使用されないが，確実な運転を必要とする機械 | 医療機器<br>計器 | 家庭用エアコン<br>建設機械<br>エレベータ<br>クレーン | クレーン<br>（ジープ） | | |
| 常時ではないが，長時間運転される機械 | 乗用車<br>二輪車 | 小形モータ<br>バス・トラック<br>一般歯車装置<br>木工機械 | 工作機械スピンドル<br>工業用汎用モータ<br>クラッシャ<br>振動スクリーン | 重要な歯車装置<br>ゴム・プラスチック用カレンダロール<br>輪転印刷機 | |
| 常時1日8時間以上運転される機械 | | 圧延機ロールネック<br>エスカレータ<br>コンベヤ<br>遠心分離機 | 客車・貨車（車軸）<br>空調設備<br>大形モータ<br>コンプレッサ・ポンプ | 機関車（車軸）<br>トラクションモータ<br>鉱山ホイスト<br>プレスフライホイール | パルプ・製紙機械<br>舶用推進装置 |
| 1日24時間運転され，事故による停止が許されない機械 | | | | | 水道設備<br>鉱山排水・換気設備<br>発電所設備 |

を防げない限度であることが経験的に知られている。

　この基本静定格荷重はラジアル軸受，スラスト軸受について，それぞれ $C_{or}$，$C_{oa}$ の記号で寸法表に表示されている。

## 許容静等価荷重

　軸受に作用する最も大きい静的荷重に対しては，一般に安全係数 $S_o$ の値を基準に良否が判断される。

$$S_o = C_o/P_o \tag{2.6}$$

ここで，$S_o$：安全係数
　　　　$C_o$：基本静定格荷重（$C_{or}$ または $C_{oa}$）（N {kgf}）
　　　　$P_o$：静等価荷重（$P_{or}$ または $P_{oa}$）（N {kgf}）

　$S_o$ での評価は，先の $C_{or}$，$C_{oa}$ の定義に基づいて永久変形量をベースにしたものであり，軌道輪の割れやころ軸受のエッジロードを考慮したものではない。機械や使用箇所によって，経験的に決める必要がある（**表 2.18**）。

**表 2.18　静安全係数 $S_0$ 値の指針**

〈玉軸受〉

| 運転条件 | $S_0$（最小） |
|---|---|
| 静かな回転用途<br>　滑らかな回転，振動がない，高い回転精度 | 2 |
| 普通の回転用途<br>　滑らかな回転，振動がない，普通の回転精度 | 1 |
| 衝撃荷重を受ける用途<br>　顕著な衝撃荷重* | 1.5 |

〈ころ軸受〉

| 運転条件 | $S_0$（最小） |
|---|---|
| 静かな回転用途<br>　滑らかな回転，振動がない，高い回転精度 | 3 |
| 普通の回転用途<br>　滑らかな回転，振動がない，普通の回転精度 | 1.5 |
| 衝撃荷重を受ける用途<br>　顕著な衝撃荷重* | 3 |

＊スラスト自動調心ころ軸受の場合，全運転条件で $S_0$ 値の最小値 4 を推奨する。
＊シェル形針状ころ軸受およびプレス製スラスト軌道盤を用いるスラストころ軸受では，全運転条件で $S_0$ 値の最小値 3 を採用する。

## 2.7 軸受荷重

### 軸系に作用する荷重

　軸受寿命や安全係数を計算するためには，まず軸受にどのような荷重が作用しているかを知る必要がある。すなわち軸受が支える物や回転体の重量，ベルトや歯車などの伝動力，機械が仕事をすることにより生じる荷重などさまざまな種類あるいは方向の荷重が作用するが，これをラジアル方向荷重，アキシアル方向荷重に整理し，合成荷重として算出する。

〈荷重係数〉

　機械によっては，振動，衝撃などにより理論的計算値より大きな荷重が作用する。そこで荷重係数を乗じて実荷重として取扱う場合がある。

$$K = f_w \cdot K_c \tag{2.7}$$

ここで，

　　$K$：軸系に作用する実際の荷重　（N {kgf}）

　　$f_w$：荷重係数（**表 2.19**）

　　$K_c$：理論的計算値　（N {kgf}）

表 2.19　荷重係数 $f_w$

| 衝撃の種類 | $f_w$ | 使用機械 |
|---|---|---|
| ほとんど衝撃のない場合 | 1.0〜1.2 | 電気機械，工作機械　計器類 |
| 軽い衝撃のある場合 | 1.2〜1.5 | 鉄道車両，自動車　圧延機，金属機械　製紙機械，印刷機械　航空機，繊維機械　電装品，事務機械 |
| 強い衝撃のある場合 | 1.5〜3.0 | 粉砕機，農業機械　建設機械，物揚機械 |

## 等価荷重

**(1) 動等価荷重**

軸受にラジアル荷重とアキシアル荷重の両方向荷重が同時に作用する場合が多くある。このような場合，ラジアル軸受には純ラジアル荷重に，スラスト軸受では純アキシアル荷重に換算し，同等の寿命を与えるような仮想荷重にしたものを動等価荷重という。

① 動等価ラジアル荷重

動等価ラジアル荷重は，式(2.8)で求められる。

$$P_r = XF_r + YF_a \tag{2.8}$$

ここで，

$P_r$：動等価ラジアル荷重 （N {kgf}）

$F_r$：ラジアル荷重 （N {kgf}）

$F_a$：アキシアル荷重 （N {kgf}）

$X$：ラジアル荷重係数

$Y$：アキシアル荷重係数

　$X$ および $Y$ の値は，カタログの寸法表に記載されている。

② 軸受が接触角をもつ場合

アンギュラ玉軸受および円すいころ軸受のように接触角 $\alpha$ をもった軸受は，軸受中心からずれた位置に荷重を受ける作用点をもち，ラジアル荷重が作用すると，アキシアル方向に分力が発生する（図 2.27）。この力を一般に誘起スラストと呼んでおり，この大きさは式(2.9)で求められる。

$$F_a = 0.5 F_r / Y \tag{2.9}$$

ここで，

$F_a$：アキシアル方向分力（誘起スラスト）（N {kgf}）

$F_r$：ラジアル荷重 （N {kgf}）

$Y$：アキシアル荷重係数

これらの軸受は一般に対称に配置して使用される。計算例を**表 2.20** に示す。

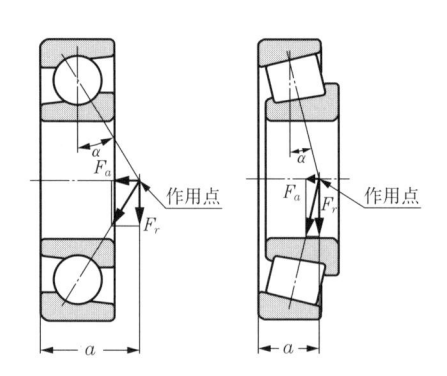

**図 2.27 軸受の作用点およびアキシアル方向分力**

**表 2.20 アキシアル分力の計算例**

| 軸受配置 | 荷重条件 | アキシアル荷重 | 動等価ラジアル荷重 |
|---|---|---|---|
| Brg$_{\rm I}$ Brg$_{\rm II}$ ／ $F_{r{\rm I}}$ $F_a$ $F_{r{\rm II}}$ | $\dfrac{0.5F_{r{\rm I}}}{Y_{\rm I}} \leq \dfrac{0.5F_{r{\rm II}}}{Y_{\rm II}} + F_a$ | $F_{a{\rm I}} = \dfrac{0.5F_{r{\rm II}}}{Y_{\rm II}} + F_a$ | $P_{r{\rm I}} = XF_{r{\rm I}} + Y_{\rm I}\left[\dfrac{0.5F_{r{\rm II}}}{Y_{\rm II}} + F_a\right]$ |
| | | ——— | $P_{r{\rm II}} = F_{r{\rm II}}$ |
| | $\dfrac{0.5F_{r{\rm I}}}{Y_{\rm I}} > \dfrac{0.5F_{r{\rm II}}}{Y_{\rm II}} + F_a$ | ——— | $P_{r{\rm I}} = F_{r{\rm I}}$ |
| | | $F_{a{\rm II}} = \dfrac{0.5F_{r{\rm I}}}{Y_{\rm I}} - F_a$ | $P_{r{\rm II}} = XF_{r{\rm II}} + Y_{\rm II}\left[\dfrac{0.5F_{r{\rm I}}}{Y_{\rm I}} - F_a\right]$ |

備考　1. 軸受Ⅰ，Ⅱにそれぞれ$F_{r{\rm I}}$，$F_{r{\rm II}}$が作用し，更にアキシアル荷重$F_a$が作用する。
　　　2. 予圧が0のとき適用する。

## （2） 静等価荷重

　実際の荷重条件のもとで，最大荷重を受ける転動体と軌道面との接触部に生じる最大の永久変形量と同じ永久変形量を与えるような純ラジアル荷重，または純アキシアル荷重を静等価荷重という。

　これは軸受が静止しているか，ごく低速で回転している場合の荷重条件下での軸受選定に使われる。

　① 静等価ラジアル荷重

　ラジアル軸受の静等価ラジアル荷重は，式(2.10)および式(2.11)で求めた値

のうち大きい方を採用する。

$$P_{or} = X_o F_r + Y_o F_a \tag{2.10}$$

$$P_{or} = F_r \tag{2.11}$$

ここで，
- $P_{or}$：静等価ラジアル荷重　（N {kgf}）
- $F_r$：ラジアル荷重　（N {kgf}）
- $F_a$：アキシアル荷重　（N {kgf}）
- $X_o$：静ラジアル荷重係数
- $Y_o$：静アキシアル荷重係数（**図 2.28**）

$X_o$，$Y_o$ の値は，カタログの寸法表に記載されている。

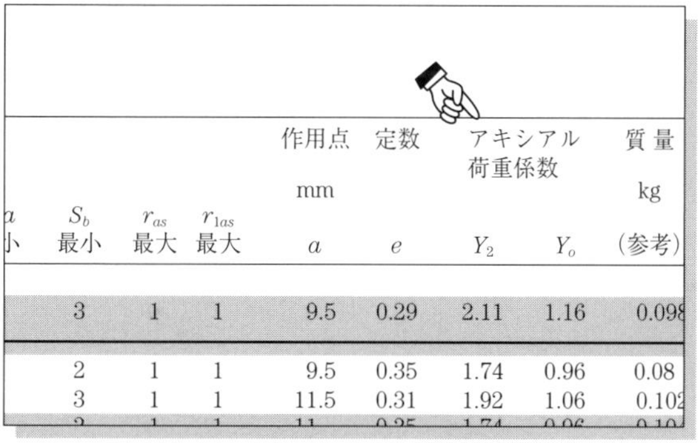

| | $S_b$ 最小 | $r_{as}$ 最大 | $r_{las}$ 最大 | 作用点 mm $a$ | 定数 $e$ | アキシアル荷重係数 $Y_2$ | アキシアル荷重係数 $Y_o$ | 質量 kg （参考） |
|---|---|---|---|---|---|---|---|---|
| | 3 | 1 | 1 | 9.5 | 0.29 | 2.11 | 1.16 | 0.098 |
| | 2 | 1 | 1 | 9.5 | 0.35 | 1.74 | 0.96 | 0.08 |
| | 3 | 1 | 1 | 11.5 | 0.31 | 1.92 | 1.06 | 0.102 |
| | 3 | 1 | 1 | 11 | 0.35 | 1.74 | 0.96 | 0.10 |

**図 2.28　アキシアル荷重係数**

# 許容アキシアル荷重

ラジアル軸受でもアキシアル荷重を受けられるが，軸受形式によりそれぞれ荷重限度がある。

### (1) 玉軸受

深溝玉軸受，アンギュラ玉軸受などの玉軸受は，アキシアル荷重が作用すると接触角が荷重とともに変化し，その荷重が許容範囲を超えたとき玉と軌道面との接触楕円が溝からはみ出す。

この接触面は，図 2.29 に示すように長軸半径を $a$ とする楕円形をしている。この接触楕円が溝肩に乗り上げない限界荷重が，最大許容アキシアル荷重となる（溝肩に乗り上げなくとも，許容できるアキシアル荷重は，その荷重が作用したときの接触応力が 4,200 MPa 未満でなければならない）。この荷重は，軸受内部すきま，溝曲率，溝肩寸法などにより異なる。なお，ラジアル荷重も作用している場合は，最大転動体荷重で限界荷重をチェックする。

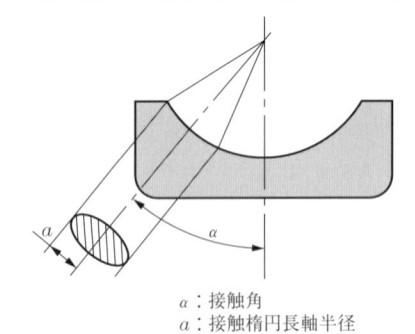

$\alpha$：接触角
$a$：接触楕円長軸半径

**図 2.29 接触楕円**

### (2) 円すいころ軸受

円すいころ軸受（図 2.30）は，軌道面と大つばのころ端面接触部の両方でアキシアル荷重を受ける。したがって，接触角 $\alpha$ を大きくすることにより大き

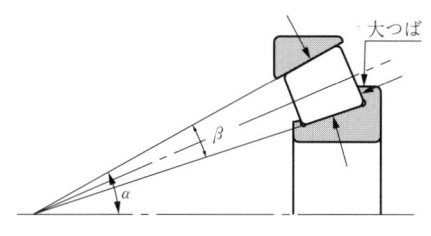

**図 2.30　円すいころ軸受**

なアキシアル荷重を受けることができる．しかし，ころ端面と大つば面間は滑り接触をしているため，回転速度および潤滑条件により異なるが，限界がある．一般にこの滑り面の面圧に滑り速度を乗じた $PV$ 値で運転可否を判断する．

### （3）　円筒ころ軸受の許容アキシアル荷重

内輪および外輪につばのある円筒ころ軸受は，ラジアル荷重と同時にある程度のアキシアル荷重を受けることができる．この場合の許容アキシアル荷重は，ころ端面とつばとの間の滑り面の発熱や摩耗などによって限度が決まる．中心アキシアル荷重が負荷される場合の許容荷重は，従来の経験および実験に基づいて，近似的に式(2.12)によって求めることができる．

$$P_t = k \cdot d^2 \cdot P_z \tag{2.12}$$

ここで，

$P_t$：回転時の許容アキシアル荷重　（N {kgf}）
$k$：軸受内部設計により決まる係数（**表 2.21**）
$d$：軸受内径　（mm）
$P_z$：つばの許容面圧　（MPa {kgf/mm²}）（**図 2.31**）

ただし，ラジアル荷重に比べてアキシアル荷重が大きいと，ころの正常な転がり運動に悪い影響を与えるので表 2.21 に示す $F_{a\,\max}$ を超えないように注意が必要である．また，潤滑条件，取付け関係寸法および精度などを考慮する必要がある．

表 2.21　係数 $k$ の値および許容アキシアル荷重（$F_{a\,max}$）

| 軸受系列 | $k$ | $F_{a\,max}$ |
|---|---|---|
| NJ, NUP 10<br>NJ, NUP, NF, NH 2,<br>NJ, NUP, NH 22 | 0.040 | $0.4\,F_r$ |
| NJ, NUP, NF, NH 3,<br>NJ, NUP, NH 23 | 0.065 | $0.4\,F_r$ |
| NJ, NUP, NH 2 E,<br>NJ, NUP, NH 22 E | 0.050 | $0.4\,F_r$ |
| NJ, NUP, NH 3 E,<br>NJ, NUP, NH 23 E | 0.080 | $0.4\,F_r$ |
| NJ, NUP, NH 4, | 0.100 | $0.4\,F_r$ |
| SL 01–48 | 0.022 | $0.2\,F_r$ |
| SL 01–49 | 0.034 | $0.2\,F_r$ |
| SL 04–50 | 0.044 | $0.2\,F_r$ |

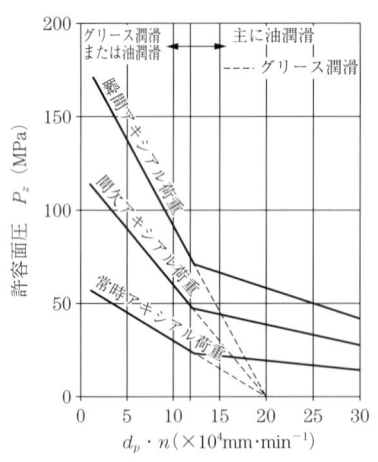

$d_p$：ころのピッチ円径(mm)
　　$d_p ≒$（軸受内径＋軸受外径）/2(mm)
$n$：回転速度($\mathrm{min}^{-1}$)

図 2.31　円筒ころ軸受のつばの許容面圧

## 2.8 はめあい

### 軸受のはめあい

　軸受の内輪および外輪は，回転する荷重を支えるために，軸およびハウジングに取付けられている。この場合，内輪と軸および外輪とハウジングのはめあいは，荷重の性質，軸受の組立方法，周りの環境などによってもはめあい部分にすきまをもたせるか，しめしろをもたせるかで異なってくる。

　はめあいには，基本的に次の3つのタイプがある。

① すきまばめ：はめあい部分にすきまをもった取付け。
② 中間ばめ：はめあい部分はすきまとしめしろの両方にまたがった取付け。
③ しまりばめ：はめあい部分にしめしろをもって固定された取付け。

　荷重を支える軸受を取付けるには，しめしろを与えてしまりばめで固定するのが最も有効な方法である。しかし，取付け，取外し，および温度変化による軸またはハウジングの伸縮を吸収するなど，すきまを与える利点もある。また荷重に見合ったしめしろを与えないと，回転によりクリープ現象を起こすことがある。クリープとは，図 2.32 に示すように荷重を受けて回転するはめあい部にすきま $\Delta$ がある場合，内輪内径と軸の円周長さの違いにより滑りを生じたような状況になり，異常発熱，摩耗さらには摩耗粉による軸受への悪影響な

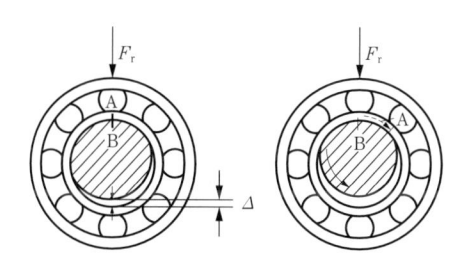

図 2.32　軸受のクリープ

表 2.22 ラジアル荷重の性質とはめあい

| 図 例 | 回 転 の 区 分 | 荷重の性質 | はめあい |
|---|---|---|---|
| 静止荷重 | 内輪回転 外輪静止 | 内輪回転荷重 外輪静止荷重 | 内輪：しまりばめ 外輪：すきまばめ |
| 不釣合荷重 | 内輪静止 外輪回転 | | |
| 静止荷重 | 内輪静止 外輪回転 | 内輪静止荷重 外輪回転荷重 | 内輪：すきまばめ 外輪：しまりばめ |
| 不釣合荷重 | 内輪回転 外輪静止 | | |

どが起こる場合がある。すきまがなくても，荷重が大きいとクリープすることがあるため，**表2.22**の目安ではめあいを決定する。

一方，軸受，軸，ハウジングの寸法許容差によって，しめしろまたはすきまの範囲が決まるので，はめあいには十分な検討が必要である。

> **ここに注意！** シェルの「はめあい」ってどうなの？
>
> シェル形針状ころ軸受の外輪は薄肉のプレス製であり，ハウジングに圧入されることで，変形が矯正され所定の寸法精度が得られる設計となっている。また，はめあいにより軸受すきまも決まるため，特に注意が必要である。
> 詳しくはニードルローラベアリングカタログ参照。

## 2.9 軸受内部すきまと予圧

### 軸受内部すきま

　軸受を軸およびハウジングに取付ける前の状態で，図 2.33 に示すように，内輪または外輪のいずれかを固定し，他方をラジアル方向またはアキシアル方向に移動させたときの軌道輪の移動量をラジアル内部すきま，またはアキシアル内部すきまと呼んでいる。この内部すきまは JIS で標準化されている。詳しくはメーカーのカタログを参照願いたい。

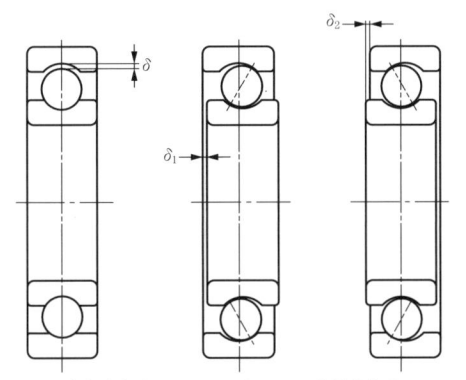

ラジアル内部すきま：$\delta$　　　アキシアル内部すきま：$\delta_1 + \delta_2$

図 2.33　軸受内部すきま

> **ここに注意！　複列や 4 列円すいころ軸受の寸法**
>
> 　複列あるいは 4 列の円すいころ軸受の軸受内部すきまは，公の規定がなく，軸受メーカー独自の規定を使っている。同じすきま記号でもすきまの値が違うので，注意が必要である。

## 軸受内部すきまの選定

運転中のすきまは，軸受の寿命，発熱，振動あるいは音響などの軸受性能に大きな影響を与えるので，使用条件に適合したすきまの選定が重要である。運転状態において，理論的にはすきまがわずかに負のとき軸受寿命は最も長い値を示すが，さらに負側のすきまになると，急激に寿命が低下する（**図 2.34**）。運転中にさまざまな要因で使用条件が変動することが十分考えられるので，一般には運転すきまが0よりわずかに大きくなるように，初期の軸受内部すきまを選定する。

運転中の内部すきまは，次式より求められる。

$$\delta_{eff} = \delta_o - (\delta_f + \delta_t) \tag{2.13}$$

ここで，

$\delta_{eff}$：運転すきま　(mm)
$\delta_o$：軸受内部すきま　(mm)
$\delta_f$：しめしろによる内部すきま減少量　(mm)
$\delta_t$：内輪と外輪の温度差による内部すきま減少量　(mm)

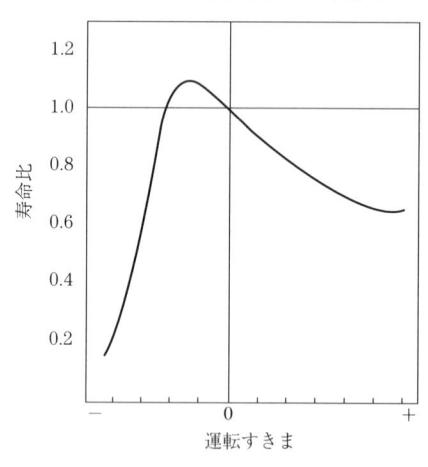

**図 2.34　内部すきまと寿命**

## (1) しめしろによる内部すきまの減少

内輪および外輪を、軸またはハウジングにしめしろを与えて取付けると、内輪は膨張し外輪は収縮し、その分軸受の内部すきまは減少する。

それぞれの減少量は、軸受の形式、軸またはハウジング形状および寸法および材質によって異なるが、近似的には有効しめしろの70〜90%である。

$$\delta_f = (0.70 \sim 0.90) \Delta d_{eff} \tag{2.14}$$

  $\delta_f$：しめしろによる内部すきま減少量 （mm）

  $\Delta d_{eff}$：有効しめしろ （mm）

なお、より細かく求める場合は、各部の寸法形状および材質などを考慮し、寸法許容差は正規分布していると仮定し、一般に$3\sigma$で計算する。

## (2) 内輪と外輪の温度差による内部すきま減少量

運転中の軸受温度は、一般的に外輪の温度が、内輪または転動体の温度より5〜10℃ほど低くなる。ハウジングからの放熱が大きく、または軸が熱源に連なっていたりすると、この温度差はさらに大きくなる。この温度差による内輪と外輪の膨張量の差だけ内部すきまが減少する。

$$\delta_t = \alpha \cdot \Delta T \cdot D_o \tag{2.15}$$

  $\delta_t$：内輪と外輪の温度差による内部すきまの減少量 （mm）

  $\alpha$：軸受材料の線膨張係数

    $12.5 \times 10^{-6}/℃$

  $\Delta T$：内輪と外輪の温度差 （℃）

  $D_o$：外輪の軌道径 （mm）

外輪の軌道径は、近似的に次式で求められる。

玉軸受および自動調心ころ軸受に対して、

$$D_o = 0.2(d + 4D) \tag{2.16}$$

ころ軸受（自動調心ころ軸受を除く）に対して、

$$D_o = 0.25(d + 3D) \tag{2.17}$$

  $d$：軸受内径 （mm），$D$：軸受外径 （mm）

## 軸受の予圧

軸受は運転中わずかなすきまの状態で使われるが，アンギュラ玉軸受，円すいころ軸受のように2個対向させて使う軸受は，用途によってはアキシアル方向に負のすきまをもたせて使用する。この状態を予圧という。すなわち転動体と軌道輪との間で弾性接触の状態にある。

この結果，次のような効果が得られる。
- 軸受剛性が高くなる。
- 高速回転に適する。
- 回転精度および位置決め精度が向上する。
- 振動および騒音が抑制される。
- 転動体の滑りに起因するスミアリングを軽減する。
- 外部振動で発生するフレッチングを防止する。

しかし，過大予圧になると寿命低下，異常発熱，回転トルクの増大などを招くので，注意が必要である。

〈予圧の方法〉

軸受に予圧を与える方法として，対向する軸受を固定し，軸受の幅寸法，間座およびシムなどの寸法を調整することによって所定の予圧をかける定位置予圧と，ばねを用いて予圧する定圧予圧の2つの方法がある。

予圧方法の具体例を**表2.23**に示す。なお，組合せアンギュラ玉軸受については標準予圧量が設定されている（カタログ参照）。

表 2.23 予圧の方法と特徴

| 予圧法 | 予圧の基本パターン | 適用軸受 | 予圧の目的 | 方法と予圧量 | 使用例 |
|---|---|---|---|---|---|
| 定位置予圧 | | アンギュラ玉軸受 | 回転軸の精度保持，振動防止，剛性を高める。 | 内・外輪幅の平面差または間座により所定量を予圧する。 | 研削盤旋盤フライス盤測定器 |
| 定位置予圧 | | 円すいころ軸受スラスト玉軸受アンギュラ玉軸受 | 軸受部の剛性を高める。 | ねじの締付け加減により予圧する。予圧量は軸受の起動トルクまたは軌道輪の移動量を測定してセットする。 | 旋盤フライス盤自動車デフピニオン印刷機車輪 |
| 定圧予圧 | | アンギュラ玉軸受深溝玉軸受円すいころ軸受（高速） | 荷重，温度などにより予圧量が変化せず，精度保持，振動，騒音防止する。 | コイルばね，さらばねなどにより予圧する。深溝玉軸受$4 \sim 10d$ (N)$0.4 \sim 1.0d$ {kgf}$d$：軸径(mm) | 内面研削盤電動機小型高速軸テンションリール |

## 2.10 許容回転速度

　軸受の回転速度が大きくなるにつれて，軸受内部で発生する摩擦熱によって軸受温度上昇が大きくなり，焼付きなどの損傷が発生し，安定した運転ができなくなる。軸受の運転が可能な限界回転速度を許容回転速度といい，軸受の形式，寸法，精度，すきま，保持器の種類，荷重条件および潤滑条件などさまざまな要因によって異なる。

　カタログ寸法表には，グリース潤滑および油潤滑の場合の許容回転速度の目安が記載されているが，これは下記条件が基準になっている。

- 適切な内部設計，内部すきまを有する軸受が正しく取付けられている。
- 良好な潤滑剤を使用し，かつ補給，交換が適切に行われている。
- 普通の荷重条件（$P \leq 0.09 C_r$，$F_a/F_r \leq 0.3$）で通常の運転温度である。

荷重が大きい場合は補正が必要な場合もある。

なお，シール付き軸受はシール接触部の周速によって速度が決められる。また，縦軸にラジアル軸受を使用する場合には，潤滑剤の保持，保持器の案内などにおいて不利な面があるので，許容回転速度の80%程度にとどめるのが適当である。許容回転速度を超えて使用する場合には，軸受仕様の見直し，潤滑条件の検討などが必要である。

## 2.11 軸受の特性

### 摩擦

転がり軸受は，滑り軸受に比べて摩擦が小さく，特に起動摩擦が小さいという特長がある。転がり軸受の摩擦にはさまざまな要因が考えられる。

- 転がりに伴う摩擦（転動体と軌道面との間の摩擦）
- 保持器と転動体および保持器と案内面との滑り摩擦
- ころ端面と案内つばとの滑り摩擦
- 潤滑剤または密封装置の摩擦

一般に転がり軸受の摩擦係数は，次式で表される。

$$\mu = 2M/Pd \tag{2.18}$$

ここで，
- $\mu$：摩擦係数
- $M$：摩擦モーメント （N·mm {kgf·mm}）
- $P$：軸受荷重 （N {kgf}）
- $d$：軸受内径 （mm）

転がり軸受の動摩擦係数は前述のようにさまざまな要因に影響され，軸受形式のほか回転数などによっても異なるが，おおよそ**表2.24**に示す値をとる。

表 2.24 軸受の摩擦係数

| 軸受形式 | 摩擦係数 $\mu$ ($\times 10^{-3}$) |
| --- | --- |
| 深溝玉軸受 | 1.0～1.5 |
| アンギュラ玉軸受 | 1.2～1.8 |
| 自動調心玉軸受 | 0.8～1.2 |
| 円筒ころ軸受 | 1.0～1.5 |
| 針状ころ軸受 | 2.0～3.0 |
| 円すいころ軸受 | 1.7～2.5 |
| 自動調心ころ軸受 | 2.0～2.5 |
| スラスト玉軸受 | 1.0～1.5 |
| スラストころ軸受 | 2.0～3.0 |

## 発熱量

軸受の摩擦損失は，そのほとんどが軸受内部で熱に変わり，軸受の温度を上昇させる。摩擦モーメントにより発生する熱量は，式(2.19)で表される。

$$Q = 0.105 \times 10^{-6} M \cdot n \quad (M \text{の単位が N·mm の場合})$$
$$= 1.03 \times 10^{-6} M \cdot n \quad \{M \text{の単位が kgf·mm の場合}\} \quad (2.19)$$

ここで，

$Q$：発生する熱量 (kW)

$M$：摩擦モーメント (N·mm {kgf·mm})

$n$：軸受の回転速度 (min$^{-1}$)

発生する熱量と放出される熱量との平衡によって軸受温度が決まる。

一般に軸受温度は運転初期に急上昇し，ある時間経過するとやや低い温度で一定の安定した状態となる。この定常状態になるまでの時間は，軸受の大きさ，形式，回転速度，荷重，潤滑およびハウジングの放熱状況など種々の条件によって異なるが，いつまでも定常状態にならない場合には，何らかの異常があると判断しなければならない。この原因として次の要因が考えられ，見直しが必要である。

- 軸受内部すきまの過小および予圧過大
- 軸受の取付け不良

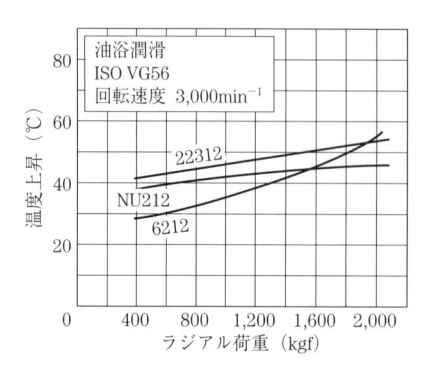

図 2.35　ラジアル荷重と温度上昇
図 2.36　回転速度と温度上昇

- 軸の熱膨張または取付け不良による過大アキシアル荷重
- 潤滑剤の過多または過少または不足，あるいは潤滑剤の不適
- 密封装置からの発熱

荷重および回転速度による温度上昇のデータを参考に示す（**図 2.35**，**図 2.36**）。

# 音響

軸受の内輪または外輪が回転すると，転動体が保持器を伴い軌道面上を転がり回転するために，いろいろな振動および音が発生する。すなわち転がり面および各滑り部分の形状，粗さ，さらには潤滑状況などにより振動，音が発生する。

近年，情報機器関連をはじめあらゆる分野で品質向上に伴い，振動または音響の低下に対する要求が厳しくなってきている。音を表現するのはなかなか困難であるが，軸受の典型的な異常音についてまとめたものを**表 2.25** に示す。

## 2.11 軸受の特性

**表 2.25 異常音の特徴とその関係要因**

| 音の表現 | 特徴 | 関係要因 |
|---|---|---|
| ザー<br>ジャー<br>ジー | 回転速度の変化で音質が変わらない（ごみ）。<br>回転速度の変化で音質が変わる（傷）。 | ごみ。軌道面，玉，ころの表面が荒れている。軌道面，玉，ころ表面の傷。 |
| シャー | 小形軸受 | 軌道面，玉，ころ表面の荒れ。 |
| シャ シャ | 断続的で規則的に発生する。 | ラビリンス部などの接触。保持器とシールの接触。 |
| ウーウー<br>ゴーゴー<br>（うなり声） | 回転速度の変化で大きさ，高さが変わる。特定の回転速度で音が大きい。大きくなったり小さくなったりする。サイレン，笛の音に近いときがある。 | 共振，はめあい不良（軸の形状不良）。軌道輪の変形。軌道面，玉，ころのびびり（大形軸受の場合は軽度の音であれば正常）。 |
| ゴリ ゴリ<br>コリ コリ | 手動で回転させたときの感触。 | 軌道面の傷（規則的）。玉，ころの傷（不規則）。<br>ごみ，軌道輪の変形（部分的に負のすきま）。 |
| ゴロ ゴロ<br>コロ コロ | …大形軸受 ⎫ 高速になると連続音。<br>…小形軸受 ⎭ | 軌道面，玉，ころ表面の傷。 |
| ウィーン ウィーン<br>ウー | 電源を切った瞬間に止まる。 | モータの電磁音。 |
| チリッチリッ | 不規則に発生（回転数の変化では変わらない）。主に小形軸受。 | ごみの混入。 |
| チャラチャラ<br>カラカラ<br>パタパタ<br>パタパタ | …円すいころ軸受<br>…大形軸受 ⎫ 規則的で<br>⎭ 高速では連続音。<br>…小形軸受 | 保持器音で澄んだ音なら正常。低温時ならグリース不適→柔らかいものが良い。保持器ポケットの摩耗，潤滑不足，軸受荷重不足による運転。 |
| カチ カチ<br>カチンカチン<br>カチャカチャ | 低速で目立つ。<br>高速では連続音。 | 保持器ポケット内の衝突音，潤滑不足。すきまを小さくするか予圧すると消える。総ころの場合はころ同士の衝突音。 |
| カーンカーン<br>カン カン | 金属的な大きな衝突音。<br>低速の薄肉大形軸受（TTB）など。 | 転動体のはじける音。軌道輪の変形。キーのきしみ。 |
| キュルキュル<br>キュ キュ<br>ジャージャー | 主に円筒ころ軸受で回転速度の変化で変わる。大きいときには金属的に聞こえる。グリースを補給すると一時的に止まる。 | 潤滑剤（グリース）のちょう度大。ラジアルすきま過大。潤滑不足。 |
| キー キー<br>ギー ギー<br>キーンキーン | 金属間のかじり音。甲高い音。 | ころ軸受のころとつば面のかじり。すきま過小。潤滑不足。 |
| ピチ ピチ | 小形軸受で不規則に発生。 | グリース中の気泡の潰れる音。 |
| ピシピシ<br>ピンピン | 不規則にでるきしみ音。 | はめあい部の滑り。取付け面のきしみ。キーなどのきしみ。 |
| 全体的に音圧が大きい。 | | 軌道面，玉，ころの表面が荒い。摩耗による軌道面，玉，ころの変形。摩耗によるすきま大。 |

## 2.12 潤滑

軸受を潤滑する目的は，転がり面および滑り面に油膜を形成し，金属同士が直接接触するのを防ぐためで，次のような効果がある。
- 摩擦および摩耗の軽減
- 摩擦熱の排出
- 軸受寿命の延長
- さびの防止
- 異物の侵入防止

潤滑剤の働きを十分に発揮させるためには，使用条件に適した潤滑剤と潤滑方法の選定，さらにごみの侵入防止および潤滑剤漏れ防止の密封装置の総合的な検討が必要である。

## グリース潤滑

グリースは，取扱いが容易で，密封装置の設計も簡素化できる最も経済的な潤滑剤として広く使用されている。潤滑方法には，あらかじめ軸受内にグリースを封入した密封形軸受として使用する方法と，開放形軸受とハウジング内に適量グリースを充填し，一定期間ごとに補給または交換する方法がある。

### (1) グリースの種類

グリースは，基油（鉱油や合成油）に増ちょう剤を配合して半固体状にし，さらに添加剤（酸化防止剤，極圧添加剤，さび止め剤など）を加えたものである。したがって，これらの種類や組合せによってグリースの性質が決まる。この一例を**表 2.26** に示す。

またグリースの軟らかさを表す値として，ちょう度がある（**表 2.27**）。JISで標準化されており，ちょう度番号が小さいほど軟かく流動性がある。

なお，異種グリースの混合は性状を損なう場合が多いので，避けなければな

表 2.26　グリースの種類と特徴

| 名　　称 | リチウムグリース | | | 非石けん基グリース<br>（ノンソープグリース） | |
|---|---|---|---|---|---|
| 増ちょう剤 | Li 石けん | | | ウレア，カーボンブラック，ふっ素化合物など | |
| 基　　油 | 鉱　油 | ジエステル油 | シリコーン油 | 鉱　油 | 合成油 |
| 滴点（℃） | 170〜190 | 170〜190 | 200〜250 | 250 以上 | 250 以上 |
| 使用温度範囲<br>（℃） | −30〜+130 | −50〜+130 | −50〜+160 | −10〜+130 | −50〜+200 |
| 機械的安定性 | 優 | 良 | 良 | 良 | 良 |
| 耐　圧　性 | 良 | 良 | 不可 | 良 | 良 |
| 耐　水　性 | 良 | 良 | 良 | 良 | 良 |
| 用　　途 | 最も用途が広い。<br>万能形の転がり軸受用グリース。 | 低温特性，摩擦特性に優れている。<br>小径軸受，ミニアチュア軸受に適する。 | 高温および低温に適する。<br>油膜強度が低く高荷重用途に不適。 | 低温から高温まで広範囲に使用できる。基油と増ちょう剤を適切に組合せることによって，耐熱性，耐寒性，耐薬品性などに優れた特性を示すものがある。 | |

表 2.27　グリースのちょう度

| NLGI<br>ちょう度番号 | JIS［ASTM］<br>60 回混和ちょう度 | 用　途 |
|---|---|---|
| 0 | 355〜385 | 集中給脂用 |
| 1 | 310〜340 | 集中給脂用 |
| 2 | 265〜295 | 一般用，密封形軸受用 |
| 3 | 220〜250 | 一般用，高温用 |
| 4 | 175〜205 | 特殊用途 |

らない。

**〈熱固化型グリース〉（固形グリース・ベアリング用潤滑剤）**

　超高分子量ポリエチレンと潤滑グリースを混合し，軸受内に封入後加熱し固化させたものである。ポリエチレン内に潤滑剤が保持された状態となっているため潤滑剤の漏れが少なく，また潤滑剤そのものの流動性がないので，一般にスポットパック仕様（図 2.37）はトルクが小さいという特徴をもっている。

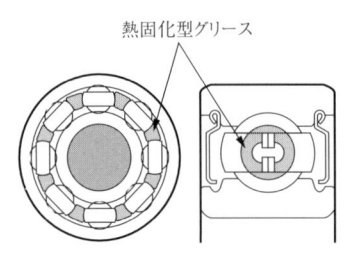

図2.37　深溝玉軸受スポットパック仕様　　図2.38　自動調心ころ軸受のフルパック仕様

これはグリース流出による周囲の汚れや，ごみの侵入を防ぐなどの効果にもつながっている。ただし，高温で使用すると油分の流出が多くなり，潤滑寿命が短くなってしまうという欠点があるため，高温および高速回転では注意が必要である。封入例を図2.37，図2.38に示す。

( 2 )　グリースの充填および補給

　グリースの封入量はハウジングの設計，空間容積，回転速度およびグリースの種類などによって異なる。封入量の目安は，軸受空間容積の30～40%，ハウジングへは空間容積の30～60%である。ただし，回転速度が高い場合や温度上昇を低く抑えたいときは少なくする。封入量が多過ぎると，温度上昇が大きく，グリースの漏れや変質による性能低下を招くこともあるので，注意が必要である。軸受内の空間容積は，式(2.20)で概略値が求められる。

$$V = K \cdot W \tag{2.20}$$

　ここで，

　　　　$V$：開放形軸受の空間容積（概略値）（$cm^3$）

　　　　$K$：軸受空間係数（**表2.28**）

　　　　$W$：軸受の質量（kg）

　また，グリースは使用時間の経過とともに潤滑性能が低下するため，適当な間隔で新しいグリースの補給が必要である。補給間隔は軸受形式，寸法，回転速度，温度およびグリースの種類によって異なる。この目安となる線図を図

表2.28 軸受空間係数（$K$）

| 軸受形式 | 保持器形式 | $K$ |
|---|---|---|
| 深溝玉軸受[*1] | 打抜き保持器 | 61 |
| NU形円筒ころ軸受[*2] | 打抜き保持器<br>もみ抜き保持器 | 50<br>36 |
| N形円筒ころ軸受[*3] | 打抜き保持器<br>もみ抜き保持器 | 55<br>37 |
| 円すいころ軸受 | 打抜き保持器 | 46 |
| 自動調心ころ軸受 | 打抜き保持器<br>もみ抜き保持器 | 35<br>28 |

[*1] 160系列の軸受は除く。
[*2] NU 4系列の軸受は除く。
[*3] N 4系列の軸受は除く。

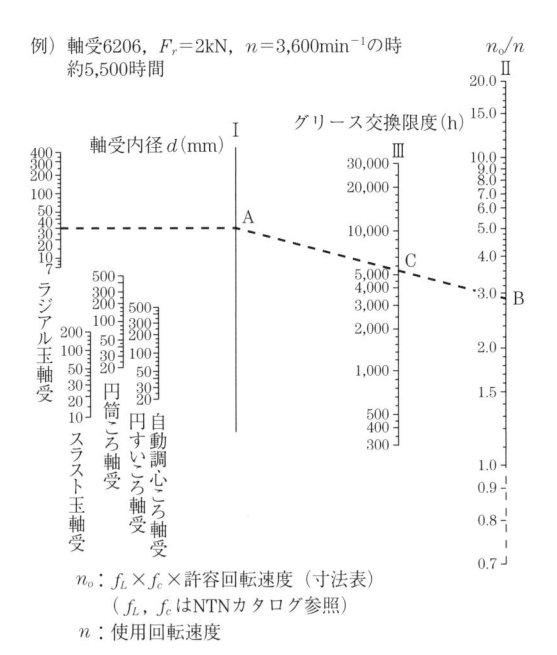

例) 軸受6206, $F_r=2$kN, $n=3,600$min$^{-1}$の時
約5,500時間

$n_o : f_L \times f_c \times$許容回転速度（寸法表）
   （$f_L, f_c$はNTNカタログ参照）
$n :$ 使用回転速度

図2.39 グリース補給間隔を求める線図

2.39 に示すが,これは通常の使用条件であり,温度による影響が大きいので,軸受温度が 80℃ を超えると,10℃ 上がるごとに補給間隔を 1/1.5 にする。

> **グリース量過多による軸受発熱問題**
>
> ここに注意！
>
> 軸受発熱問題の原因で意外と多いのが,グリース潤滑される軸受でのグリース量過多である。軸受内部空間に満杯になったグリースを転動体や保持器でかき混ぜていることになるので,回転速度が速い場合,発熱大となり,ひどいときは軸受損傷にいたる。グリース量については軸受メーカーやグリースメーカーのガイドラインがあるので,使用する際はぜひ参考にして欲しい。

## 油潤滑

　油潤滑は,軸受内部の転がりおよび滑り部分の潤滑を容易に行うとともに,軸受から発生する熱量または外部からくる熱量を排除する役割ももっている。油潤滑にはいろいろな方法があるが,主なものを**表 2.29** に示す。

### (1) 潤滑油の選定

　潤滑油には,スピンドル油,マシン油,タービン油などの鉱油が多く使われるが,150℃ 以上の高温または −30℃ 以下の低温では,ジエステル油,シリコーン油,フロロカーボン油などの合成油が使われる。潤滑油の粘度は,潤滑性能を決定する重要な特性である。粘度が低すぎると油膜形成が不十分となり,軸受表面を損傷させる。反面,粘度が高すぎると粘性抵抗が大きくなり,温度上昇,摩擦損失を増大させる。一般に回転速度が高いほど粘度の低いものを,重荷重になるほど粘度の高いものが使用される。

　転がり軸受の潤滑には,その運転温度において**表 2.30** に示す粘度が必要である。また粘度と温度の関係を**図 2.40** に示す。**表 2.31** には,軸受の使用条件に応じた潤滑油粘度の選定の目安を示す。

## 2.12 潤滑

表2.29 油潤滑の潤滑方法

| 潤滑法 | 実施例 | 潤滑法 | 実施例 |
|---|---|---|---|
| 〔油浴潤滑〕<br>● 油潤滑で最も一般的な方法。低，中速の回転速度で広く使用されている。<br>● 油面はオイルゲージにて，横軸では停止時で転動体最下部の中心，縦軸で低速時には，転動体の50～80％であることを確認する。 | | 〔ディスク給油〕<br>● 軸に取付けたディスクの一部を油面に浸し，はね上げられた油が軸受を潤滑する方法。 | |
| 〔飛沫給油〕<br>● 軸に取付けた羽根などで，油を飛沫状にして給油する方法。相当高速まで使用可能。 | | 〔噴霧潤滑（オイルミスト潤滑）〕<br>● 圧縮空気により油を霧状にして潤滑する方法。<br>● 潤滑油の抵抗が小さいので高速回転に適する。<br>● 雰囲気汚染が大きい。 | |
| 〔滴下給油〕<br>● 上部にオイラを備え，油滴をハウジング内で転動体に衝突させ霧状にして潤滑するか，少量の油が軸受を通過するようにする。<br>● 比較的高速で中荷重以下の場合に用いる。<br>● 油量は毎分数滴程度の例が多い。 | | 〔エアオイル潤滑〕<br>● 必要最小限の潤滑油を軸受ごとに最適間隔で計量し，圧縮空気で給油する方法。<br>● 常に新しい油を連続的に給油し，さらに圧縮空気の冷却効果もあり，軸受の昇温を抑えることができる。<br>● 油の使用量はごく微量のため，雰囲気を汚染しにくい。 | |
| 〔循環給油〕<br>● 軸受を冷却するため，あるいは給油部位が多く集中自動給油するときに用いる。<br>● 給油系統中にクーラーを設け潤滑油を冷却したり，フィルタを使えば潤滑油を清浄に保てるなどの特長がある。<br>● 給油された油が確実に軸受を潤滑するよう，油の入口と出口を軸受に対し互いに反対側に設ける。 | | 〔ジェット潤滑〕<br>● 軸受の側面から潤滑油を高速噴射させる方法。高速，高温など過酷な条件での信頼性が高い。<br>● ジェットエンジンやガスタービンの主軸受などに用いられる。<br>● 工作機械主軸軸受に使用されるアンダーレース潤滑は，この一種。 | |

表 2.30　軸受の必要粘度

| 軸受形式 | 必要粘度 (mm²/s) |
|---|---|
| 玉軸受，円筒ころ軸受，針状ころ軸受 | 13 |
| 自動調心ころ軸受，円すいころ軸受，スラスト針状ころ軸受 | 20 |
| スラスト自動調心ころ軸受 | 30 |

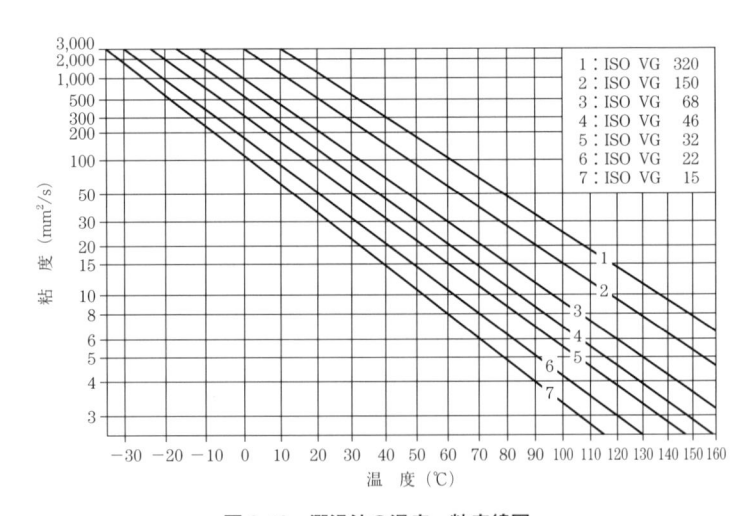

図 2.40　潤滑油の温度―粘度線図

表 2.31　潤滑油の選定基準（参考）

| 軸受の運転温度（℃） | $dn$ 値 | 潤滑油の ISO 粘度グレード（VG） | | 適用軸受 |
|---|---|---|---|---|
| | | 普通荷重 | 重荷重または衝撃荷重 | |
| $-30\sim0$ | 許容回転速度まで | 22, 32 | 46 | 全種類 |
| $0\sim60$ | 15,000 まで | 46, 68 | 100 | 全種類 |
| | 15,000〜80,000 | 32, 46 | 68 | 全種類 |
| | 80,000〜150,000 | 22, 32 | 32 | スラスト玉軸受を除く |
| | 150,000〜500,000 | 10 | 22, 32 | 単列ラジアル玉軸受，円筒ころ軸受 |
| $60\sim100$ | 15,000 まで | 150 | 220 | 全種類 |
| | 15,000〜80,000 | 100 | 150 | 全種類 |
| | 80,000〜150,000 | 68 | 100, 150 | スラスト玉軸受を除く |
| | 150,000〜500,000 | 32 | 68 | 単列ラジアル玉軸受，円筒ころ軸受 |
| $100\sim150$ | 許容回転速度まで | 320 | | 全種類 |
| $0\sim60$ | 許容回転速度まで | 46, 68 | | 自動調心ころ軸受 |
| $60\sim100$ | 許容回転速度まで | 150 | | |

〈備考〉潤滑法は油浴または循環給油の場合。
〈注〉軽荷重，普通荷重，重荷重の目安
　軽　荷　重：動等価ラジアル荷重$\leq 0.06\,C_r$
　普通荷重：$0.06\,C_r <$ 動等価ラジアル荷重 $\leq 0.12\,C_r$
　重　荷　重：$0.12\,C_r <$ 動等価ラジアル荷重

## （2）　給油量

　軸受に強制的に給油する場合は，軸受などからの発熱量は，ハウジングからの放散熱量と油が持ち去る熱量の和に等しくなる。標準的ハウジングを使用した場合の給油量は，式(2.21)が目安となる。

$$Q = K \cdot q \tag{2.21}$$

　ここで，
　　　$Q$：軸受1個当たりの給油量　（cm³/min）
　　　$K$：油の許容温度上昇によって定まる係数（**表 2.32**）
　　　$q$：線図により求まる給油量　（cm³/min）（**図 2.41**）

ハウジングの形状により放散熱量は異なるので，実運転にあたっては，計算値を目安にして実状に適した量にもっていくのが安全である．また，図 2.41 において，発生熱量すべてを油が持ち去ると仮定した場合は，軸径 $d=0$ として求める．なお，油浴潤滑での油の交換限度は，使用条件，油量および潤滑油の種類などで異なるが，油温が50℃以下で使用される場合には，1年に1回程度，80～100℃になる場合には，少なくとも3ヶ月毎に交換することが望まれる．

表 2.32　$K$ の値

| 排油温度—給油温度（℃） | $K$ |
|---|---|
| 10 | 1.5 |
| 15 | 1 |
| 20 | 0.75 |
| 25 | 0.6 |

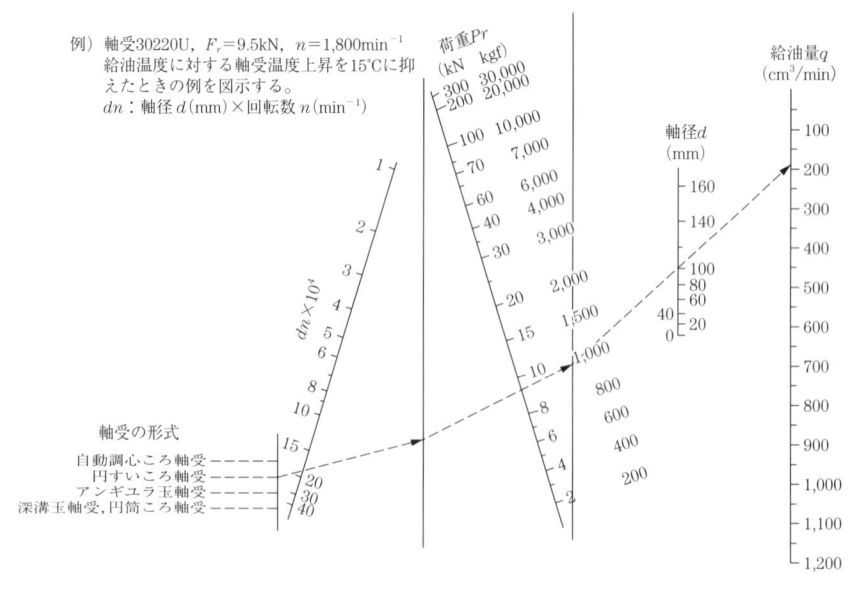

例）軸受30220U，$F_r=9.5$kN，$n=1,800$min$^{-1}$
給油温度に対する軸受温度上昇を15℃に抑えたときの例を図示する．
$dn$：軸径 $d$(mm)×回転数 $n$(min$^{-1}$)

図 2.41　給油量を求める線図

表 2.33 主なシール構造と特徴

| タイプ | シール構造 | 名 称 | シールの特徴 |
|---|---|---|---|
| 非接触シール | | すきまシール | 最も簡単なシール形式であり,ラジアル方向のすきまを小さくしてシールを形成している。 |
| | | 油溝シール ハウジング側に油溝付き | 同心の油溝をハウジング内径に設け,密封効果を高めたシール形式。油溝に保持された潤滑剤が外部からの異物の浸入を防ぐのに有効である。 |
| | | 油溝シール 軸/ハウジング側に油溝付き | 同心の油溝を軸外径,ハウジング内径の両方に設け,密封効果を高めたシール形式。 |
| | | ラジアル ラビリンスシール | ラビリンス通路をラジアル方向に形成したシール形式。上下二つ割れハウジングに用いられる。アキシアルラビリンスシールより密封性は良い。 |
| | | ハウジング内部に設けたスリンガ | スリンガをハウジング内に設け,その回転による遠心力で潤滑剤の漏れを防ぐシール形式。 |
| 接触シール | | Zシール | 断面形状がZ型をした接触シールであり,空間部にグリースを充填し,グリースシールを形成する。プランマブロック(軸受箱)でよく使用されるシール形式。 |
| | | オイルシール | オイルシールは接触シールとして一般的に用いられるもので,形式と寸法がJIS B 2402で標準化されている。オイルシールのシールリップ部にはリング状のばねが取付けられており,これによりリップ先端部が軸表面に押付けられ,密封効果を増す。 軸受とオイルシールが接近している場合,オイルシールの発熱により軸受内部すきまが過小となる場合がある。周速によるオイルシールの発熱に注意のうえ,軸受内部すきまを選定する。 シールの向きにより潤滑剤の漏れ防止と外部からの異物浸入防止の2つの効果をもつ。 |
| 組合せシール | | 油溝シール+スリンガ+Zシール | Zシールの密封性能を増すために,油溝シールとスリンガを加えたシール形式。左図の場合,Zシールの向きより異物の混入防止のための三重シール構造となる。鉱山機械など,粉塵の多い箇所のプランマブロックのシールとして用いられる。 |

## 2.13 軸受の密封装置

軸受密封装置の役割は，潤滑剤の漏れを防ぐことと，外部からのごみ，水分などが軸受部分に浸入するのを防止することである。軸受の運転条件に対し常に密封，防じん性能が良く，さらに低摩擦で異常発熱がなく十分な耐久性があり，組立が容易なことが密封装置の必要な条件である。

密封装置には，大別して非接触シールと接触シールがあり，また種々の組合せがあるが，主なものを**表 2.33**（前頁）に示す。

## 2.14 軸受材料

### 軌道輪および転動体の材料

転がり軸受が荷重を受けて回転している状態では，軌道輪と転動体との小さな接触面で大きな繰返し応力を受け，さらに高い精度を維持して回転しなければならない。すなわち，軸受材料としては次のような要求を満たす必要がある。

- 硬さが硬いこと
- 転がり疲れ寿命が長いこと
- 摩耗が少ないこと
- 衝撃に強いこと
- 寸法の経年変化が少ないこと

これらのうち，転がり疲労寿命に特に大きく影響を与えるものとして，鋼中の非金属介在物がある。この非金属介在物を少なくするために，いろいろな製鋼法が開発され寿命向上に寄与している。

軌道輪と転動体は一般的には同じ材料が使われており，用途によって鋼種は使い分けられている。

## (1) 高炭素クロム軸受鋼

一般的に最もよく使われているのは高炭素クロム軸受鋼で，JIS で鋼種の化学成分が標準化されている。その中でも使用頻度の高い SUJ 2 の成分表を参考のため**表 2.34** に示す。

表 2.34 高炭素クロム軸受鋼（JIS G 4805）

| 鋼種記号 | 化 学 成 分 （%） | | | | | | |
|---|---|---|---|---|---|---|---|
| | C | Si | Mn | P | S | Cr | Mo |
| SUJ 2 | 0.95～1.10 | 0.15～0.35 | 0.50 以下 | 0.025 以下 | 0.025 以下 | 1.30～1.60 | 0.08 以下 |

## (2) クロム鋼

表層のみを浸炭して硬化させ，心部の硬さを低くして靱性をもたせた耐衝撃性に優れる材料も使用される。その中でも使用頻度の高いクロム鋼 SCr 420 の成分表を参考のため**表 2.35** に示す。

表 2.35 クロム鋼（JIS G 4104）

| 鋼種記号 | 化 学 成 分 （%） | | | | | | |
|---|---|---|---|---|---|---|---|
| | C | Si | Mn | P | S | Ni | Cr |
| SCr 420 | 0.18～0.23 | 0.15～0.35 | 0.60～0.85 | 0.030 以下 | 0.030 以下 | 0.250 以下 | 0.90～1.20 |

## (3) その他

このほかにも，高温用途には高速度鋼，耐食性を重視する場合にはステンレス鋼，超高速回転用には比重の小さいセラミックスが転動体に使用される。また，液中では樹脂など，さまざまな材料が目的に応じて使用されている。

軸受鋼を使用した場合，120℃ を超える高温になると寸法変化が大きくなるため，寸法安定化処理をして寸法変化を抑えた軸受や，より高度な熱処理方法を用いることにより，さらなる高強度・長寿命化を図った軸受など，活発な開発が行われている。

〈NTN の FA 処理〉

　鋼の静的強度や疲労寿命を高めるためには，強化機構を導入するのが一般的である。主な強化機構として，固溶強化，析出強化，結晶粒微細化強化などが挙げられる。固溶強化は炭素や窒素などの固溶元素（Fe 格子の間に原子が入り込むことを固溶という）を鋼に侵入させることにより得られ，析出強化は鋼の母地から炭化物などを析出させることにより得られる。そして，結晶粒微細化強化は鋼の組織の構成単位である結晶粒を細かくすることにより，得られる強化機構である。

　NTN には FA 処理という熱処理方法がある。この熱処理を実施すると，固溶強化，析出強化，結晶粒微細化強化のすべての強化機構を得られる。図 2.42 に，FA 処理を施した旧オーステナイト結晶粒（組織の最も大きな構成単位）を示す。FA 処理により，転動寿命は清浄油潤滑下で 3 倍，異物混入潤滑下では 14 倍の長寿命になる（NTN 4 T 軸受比）。

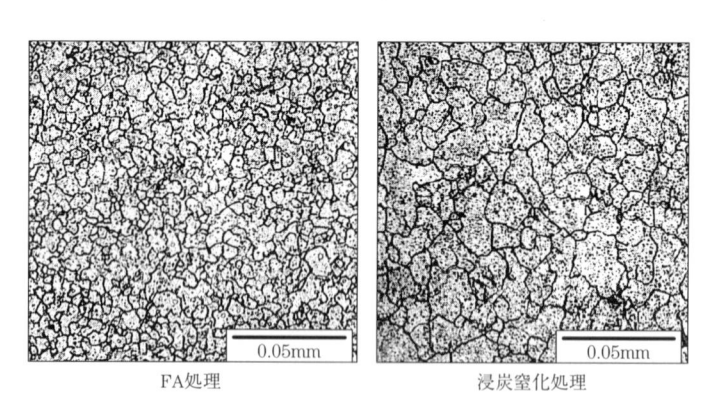

FA処理　　　　　　　　　浸炭窒化処理

**図 2.42　旧オーステナイト結晶粒界の模式図**

# 保持器の材料

　保持器は回転中の転動体を正しく保持するのが主目的であるが，要求される機能として，回転中に受ける振動や衝撃荷重に耐える強度を有すること，転動

体および軌道輪との摩擦が小さく，軽量でかつ軸受の運転温度に耐えることが必要である。

　小，中形軸受には冷間または熱間圧延鋼板のプレス打抜き保持器が多く使われるが，用途によってはステンレス鋼板も使用される。大形軸受を含め，もみ抜き保持器には機械構造用炭素鋼，高力黄銅，さらにアルミ合金なども使われる。また，保持器強度が要求される場合にはSNCM（ニッケルクロムモリブデン鋼）の熱処理品が使用され，さらに潤滑特性を向上させるために銅めっき，銀めっきを施すものもある。最近はグラスファイバ，カーボンファイバなどで強化したポリアミド樹脂やスーパーエンプラであるPEEK樹脂の射出成形品も多く使われるようになった。樹脂保持器は軽量で耐食性もあり，減衰性，潤滑性能にも優れた特性をもっている。高温用としてテフロン系が使われる場合もある。

＊　PEEKは英国ビクトレックス社の登録商標。

## 2.15 軸およびハウジングの設計

　軸受は軸およびハウジングの設計によっては，軸受の傾き，変形，クリープなどにより，軸受性能に大きな影響を与える。そのため，次のような事項に注意が必要である。

- 軸受配列の選定，配列に適した軸受固定方法
- 軸受に適した軸およびハウジングの隅の丸みと肩高さおよび直角度，振れ精度
- はめあい部の寸法と形状精度，ならびに面粗さ
- 軸およびハウジングの外径形状（偏肉を含む）

### 軸受の固定

　軸受を軸またはハウジングに固定するためには，一部の例外を除いてしめし

ろによる固定だけでなくアキシアル方向に対しても止めが必要である。

　アキシアル荷重が作用する場合はもちろんのこと，主として自由側軸受として使用される円筒ころ軸受についても，軸のたわみにより軌道輪が移動する場合があり，アキシアル方向の固定が必要である。軸肩高さは，玉軸受では溝底を越えないようにするのが良い。一般的な固定方法を図 2.43 に示す。

| 内輪の固定 | 外輪の固定 | 止め輪を用いた固定 | |
|---|---|---|---|
| 最も一般的な固定方法は締付けナットまたはボルトを用いて，軸またはハウジング肩に軌道輪端面を締付けるものである。 | | 止め輪を使用すると構造が簡単になるが，面取りとの干渉などの軸受取付け関係寸法を満たさなければならない。また，大きなアキシアル荷重が止め輪に作用する場合，高精度を必要とする場合には適していない。 | |

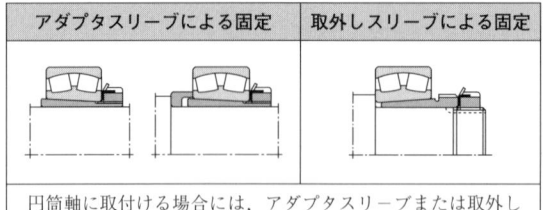

| アダプタスリーブによる固定 | 取外しスリーブによる固定 |
|---|---|
| 円筒軸に取付ける場合には，アダプタスリーブまたは取外しスリーブを用いて，アキシアル方向に固定できる。アダプタスリーブは，スリーブ内径と軸との摩擦力により固定されている。 | |

図 2.43　軸受固定方法の例

## 2.15 軸およびハウジングの設計

> **ここに注意！**
>
> ### 軸方向の案内面
>
> 保持器付き針状ころを単体で用いて軸の肩で直接軸方向に案内する場合，保持器の側面が接触する軸の肩の部分の仕上げ面を良くし，かえりがないようにする。高速または重荷重で運転する場合は，接触面を焼入れし，研削仕上げしなければならない。止め輪を用いて保持器を軸方向に案内する場合は，止め輪の切り口部が直接保持器に接触しないように，保持器と止め輪との間にスラストリングを使用することが望ましい。さらに，それらと軸受の間のすきまも最適値があることを知っておいて欲しい（ニードルローラベアリングのカタログを参照下さい）。
>
> （軸の肩／スラストリング／止め輪／ころ／すきま）

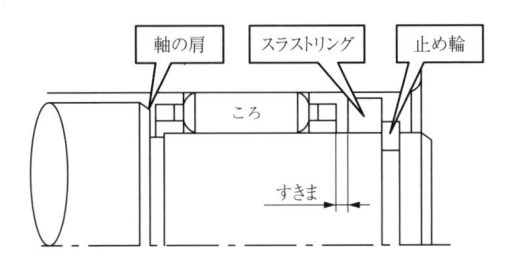

## 取付け関係寸法

軸およびハウジングの肩の高さ（$h$）は，軸受の面取りの最大許容寸法（$r_{s\,max}$）より大きくし，軸受端面が平坦部で接触するように設計する。隅の丸み（$r_a$）は軸受の面取りの最小許容寸法（$r_{s\,min}$）より小さくし干渉しないようにする。関係寸法を**表 2.36** に示す。

また，軸の強度を増すために軸隅 $R$ を大きくする場合，軸肩寸法が小さい場合などは軸肩と軸受の間に間座を設けて取付ける（**図 2.44**）。

軸が研削仕上げされる場合は，研削逃げが必要である。このときの逃げ寸法を**表 2.37** に示す。

表2.36 肩の高さと隅の丸み

(単位:mm)

| $r_{s\,min}$ | $r_{as\,max}$ | $h$ (最小) ||
|---|---|---|---|
| | | 一般の場合[*1] | 特別な場合[*2] |
| 0.05 | 0.05 | 0.3 | |
| 0.08 | 0.08 | 0.3 | |
| 0.1 | 0.1 | 0.4 | |
| 0.15 | 0.15 | 0.6 | |
| 0.2 | 0.2 | 0.8 | |
| 0.3 | 0.3 | 1.25 | 1 |
| 0.6 | 0.6 | 2.25 | 2 |
| 1 | 1 | 2.75 | 2.5 |
| 1.1 | 1 | 3.5 | 3.25 |
| 1.5 | 1.5 | 4.25 | 4 |
| 2 | 2 | 5 | 4.5 |
| 2.1 | 2 | 6 | 5.5 |
| 2.5 | 2 | 6 | 5.5 |
| 3 | 2.5 | 7 | 6.5 |
| 4 | 3 | 9 | 8 |
| 5 | 4 | 11 | 10 |
| 6 | 5 | 14 | 12 |
| 7.5 | 6 | 18 | 16 |
| 9.5 | 8 | 22 | 20 |
| 12 | 10 | 27 | 24 |
| 15 | 12 | 32 | 29 |
| 19 | 15 | 42 | 38 |

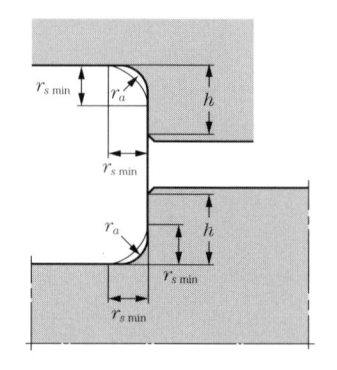

[*1] 大きなアキシアル荷重がかかる場合には,この値より大きな肩の高さが必要である。
[*2] アキシアル荷重が小さい場合に用いる。これらの値は,円すいころ軸受,アンギュラ玉軸受および自動調心ころ軸受には適当でない。
備考:$r_{as\,max}$とは,隅の丸みの最大許容値である。

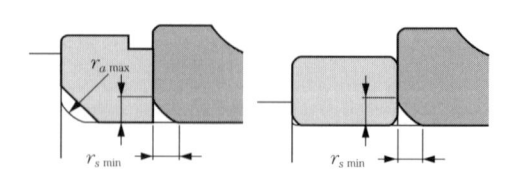

図2.44 間座を用いる方法

表 2.37 研削逃げ寸法

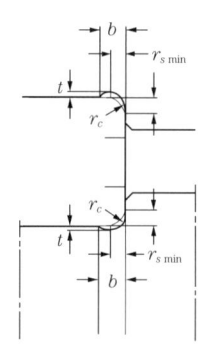

| $r_{s\,min}$ | 逃げ寸法 | | |
|---|---|---|---|
| | $b$ | $t$ | $r_c$ |
| 1 | 2 | 0.2 | 1.3 |
| 1.1 | 2.4 | 0.3 | 1.5 |
| 1.5 | 3.2 | 0.4 | 2 |
| 2 | 4 | 0.5 | 2.5 |
| 2.1 | 4 | 0.5 | 2.5 |
| 2.5 | 4 | 0.5 | 2.5 |
| 3 | 4.7 | 0.5 | 3 |
| 4 | 5.9 | 0.5 | 4 |
| 5 | 7.4 | 0.6 | 5 |
| 6 | 8.6 | 0.6 | 6 |
| 7.5 | 10 | 0.6 | 7 |

## 軸およびハウジングの精度

通常の使用条件での一般的に必要な精度を**表2.38**に示す。また軸受にはそれぞれの形式において，傾き許容限度がある（**表2.39**）。

これを超えて使用されると軸受寿命の低下，保持器破損などの不具合を発生するおそれがある。したがって軸およびハウジングの剛性，加工精度に起因する取付け誤差，さらに軸受形式の選定において十分な注意が必要である。

表 2.38 軸およびハウジングの精度

| 特　　性 | | 軸 | ハウジング |
|---|---|---|---|
| 寸法精度 | | IT 6（IT 5） | IT 7（IT 5） |
| 真円度（最大）円筒度 | | IT 3 | IT 4 |
| 肩の振れ公差 | | IT 3 | IT 3 |
| はめあい面の粗さ | 小形軸受 | 0.8 a | 1.6 a |
| | 中形・大形軸受 | 1.6 a | 3.2 a |

備考：精密軸受（P 4，P 5 精度）の場合，真円度・円筒度については，本表精度の 1/2 程度に抑える必要がある。
　　　IT：International Tolerance

表 2.39 軸受許容傾斜角（参考）

| 許　容　傾　斜　度 | |
|---|---|
| 深溝玉軸受 | 1/1,000〜1/300 |
| アンギュラ玉軸受　　単列　　複列　　背面組合せ　　正面組合せ | 1/1,000　1/10,000　1/10,000　1/1,000 |
| 円筒ころ軸受　　軸受系列 2，3，4　　軸受系列 22，23，49，30 | 1/1,000　1/2,000 |
| 円すいころ軸受　　単列および背面組合せ　　正面組合せ | 1/2,000　1/1,000 |
| 針状ころ軸受 | 1/2,000 |
| スラスト軸受（スラスト自動調心ころ軸受を除く） | 1/10,000 |
| 許　容　調　心　度 | |
| 自動調心玉軸受 | 1/20〜1/15 |
| 自動調心ころ軸受 | 1/50〜1/30 |
| スラスト自動調心ころ軸受 | 1/30 |

## 針状ころ軸受の使い方

**①軌道面の精度**

針状ころ軸受では軸およびハウジングを直接その軌道面として用いることが多い。ラジアル内部すきまを規定の許容差内におさめ，高い回転精度を得るためには軌道面の寸法精度，形状精度および表面粗さは，軸受の軌道面と同等とする必要がある。

| 特　性 | 軸 | ハウジング |
|---|---|---|
| 寸法精度 | IT 5（IT 4） | IT 6（IT 5） |
| 真円度（最大）<br>円筒度（最大） | IT 3（IT 2） | IT 4（IT 3） |
| 肩の振れ公差（最大） | IT 3 | IT 3 |
| 表面粗さ | 軸径 $\phi$ 80 以下　　　　　　　：0.2 a<br>軸径 $\phi$ 80 を超え $\phi$ 120 以下：0.3 a<br>軸径 $\phi$ 120 を超え　　　　　　：0.4 a | |

IT：ISO で定められた基本公差
注）（　）内は高回転精度の場合に適用する

**②軌道面に用いる材料と硬さ**

軸またはハウジングの外径面または内径面を軌道面として用いるときは，十分な負荷容量を得るため，表面硬さを HRC 58～64（ロックウェル硬さ　C スケール）にする必要があり，下表に示す材料を適切な熱処理をして使用する。

| 鋼　種 | 代表例 | 規　格 |
|---|---|---|
| 高炭素クロム鋼 | SUJ 2 | JIS G 4805 |
| 炭素工具鋼 | SK 85 | JIS G 4401 |
| ニッケルクロムモリブデン鋼 | SNCM 420 | JIS G 4053 |
| クロム鋼 | SCr 420 | |
| クロムモリブデン鋼 | SCM 420 | |

浸炭または高周波焼入れにより表面硬化をするとき，表面から HV 550（ビッカース硬さ）までの深さを有効硬化層と定義しているが，有効硬化層深さの最小値は以下の式で求められる。

　　$Eht_{min}$（最小有効硬化層深さ mm）$\geq 0.8\, D_W(0.1+0.002\, D_W)$

ここで，$D_W$：ころの直径（mm）

## 2.16 軸受の取扱い

転がり軸受は一般の機械部品に比べ精密部品であり，その精密さを保つためには，慎重で繊細な取扱いが必要である。特に注意する事項として，
① 軸受を清浄に保つこと：摩耗，音響などに影響，空気中浮遊ごみも含め注意。
② 衝撃を与えないこと：軌道面圧痕，割れに影響，落下，ハンマーでの衝撃不可。
③ さび防止：素手での取扱い不可。防せい剤塗布包装状態で，湿度60％以下での保存を望む。

## 軸受の取付け

軸受を取付ける軸，ハウジング，関連部品および取付け治工具は，汚れ，ばり，切り屑などがないようきれいな状態にしておく。さらに軸受取付け部の寸法精度，形状精度，粗さなどを検査し，許容公差内にあることを確認しておくことも必要である。使用する軸受は取付け直前に解包すること。一般に油潤滑の場合，またはグリース潤滑でも防せい剤との混合で機能がそこなわれるおそれがある場合，洗浄油で防せい剤を除去してから取付ける。なお，軸受洗浄後グリースを塗布する場合には，ある程度，乾燥させてからの塗布が望まれる。

軸受を軸またはハウジングに挿入する場合，軌道輪（内輪または外輪）の全周に均等に圧力を加えて挿入する方法が必要である。軌道輪の一部に力を加え挿入すると，こじれの原因となるし，また，挿入しない側の軌道輪に力を加えると，転動体を介して荷重がかかり，軌道面に圧痕が生じるので絶対に避けなければならない。ハンマーなどで直接叩いて軌道輪を挿入することは，圧痕の発生はもちろんのこと割れや欠けの原因となる（図2.45）。

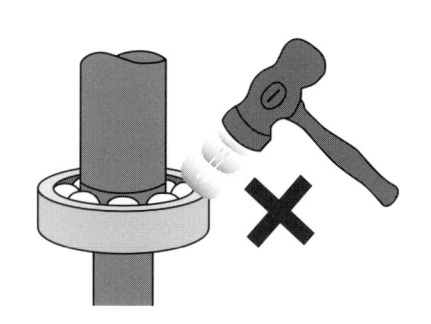

図 2.45　ハンマーなどで挿入することは不可

### （1）　円筒穴軸受の取付け

しめしろが比較的小さい軸受では，図 2.46 に示すように圧入側軌道輪端面に適切な治具を当て，全周均等に負荷させ，プレスまたはハンマーで叩いて圧入する。また，内輪・外輪を同時に取付ける場合は図 2.47 のように当て金を使用し，均等に圧入する。いずれの場合も取付け初期において軸受が傾かないように十分な注意が必要である。場合によっては傾き防止のためにガイドの治具を使う。また内輪のしめしろが大きい場合には，一般には軸受を加熱し，内輪を膨張させて軸に簡単に挿入することができるようにする。軸受内径の温度差による膨張量の関係を図 2.48 に示す。

軸受を加熱するには，加熱した清浄な油に浸漬する方法が最も一般的に用い

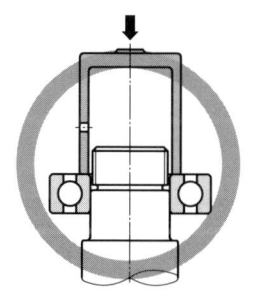

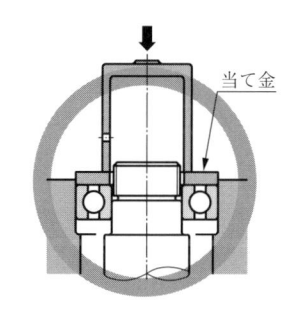

図 2.46　内輪の圧入　　　　図 2.47　内輪・外輪の同時圧入

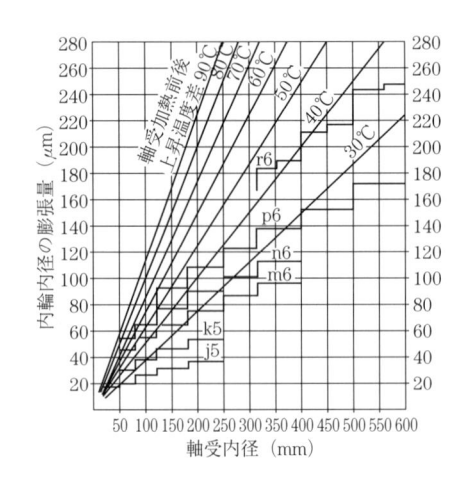

図 2.48 内輪の熱ばめに必要な加熱温度

られる（ただしグリース封入軸受は不可）。なお，軸受は 120℃ 以上に加熱しないよう注意が必要である。このほかには，恒温槽を用いた空気中での加熱，円筒ころのように内輪分離形は，誘導加熱装置（脱磁が必要）も使われる。ただし加熱した軸受を軸に挿入後，軸受が冷却するまで軸肩に内輪を押しつけ，すきまが生じるのを防ぐ必要がある。

### （2） テーパ穴軸受の取付け

小形軸受では，テーパ軸かアダプタスリーブまたは取外しスリーブを用いて，軸受をロックナットで押込み，取付ける（**図 2.49**）。

大形軸受では押込み力が大きいため，油圧を用いて取付ける。**図 2.50** はテーパ軸に直接取付ける場合であるが，はめあい面に高圧の油を送り（オイルインジェクション），はめあい面の摩擦を減少させて，ナットの締付けトルクを小さくする方法である。このほかにも油圧を利用した油圧ナットまたは油圧スリーブによる取付けも行われている。このようにして取付けられた軸受は，テーパ面をアキシアル方向に押込むに従ってしめしろが増加し，ラジアル内部すきまが減少する。このすきま減少量を測定することにより，しめしろを推定す

2.16 軸受の取扱い

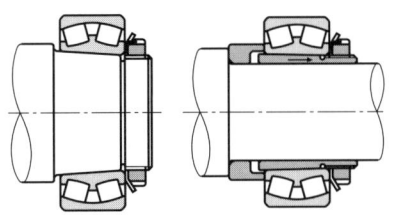

(a) テーパ軸への取付け　(b) アダプタによる取付け

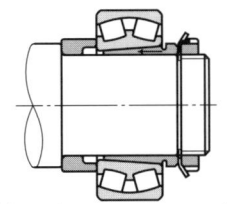

(c) 取外しスリーブによる取付け

図2.49　ロックナットによる取付け

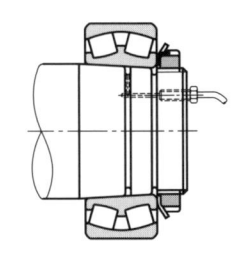

図2.50　オイルインジェクションによる取付け

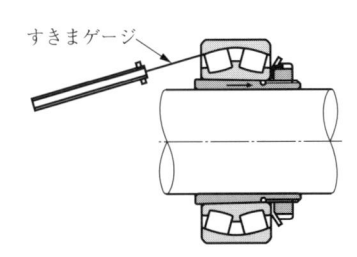

図2.51　自動調心ころ軸受の内部すきま測定

ることができる。自動調心ころ軸受のラジアル内部すきま測定は，図2.51に示すように，ころを正しい位置に落ち着かせて，無負荷域でのころと外輪との間にすきまゲージを差込んで測定する。このとき，ころを回転させないで静止状態で測定することが重要である。また，ラジアル内部すきまの減少量の代りに，アキシアル方向の押込み量を測定することで適当なしめしろを得ることもできる。

### (3) 外輪の取付け

外輪をしまりばめでハウジングに取付ける場合，しめしろが大きいときは，ハウジングの寸法形状によってはハウジングを加熱し外輪を挿入するが，一般には冷しばめが行われる。

すなわち，外輪をドライアイスなどの冷却剤で収縮させ挿入する。ただし，冷しばめすると，軸受表面に空気中の水分が結露することがあるので，適切な防せい処置が必要であるとともに，凍傷など取扱いにも注意が必要である。

## 取付け後の回転検査

軸受取付け後，軸受が正しく取付けられているか確認が必要である。まず，手で軸またはハウジングを回転させ，ガタの有無，トルクが重すぎないか，そのほか異常がないかを確認する。異常がなければ無負荷で低速回転し，回転状態を確認しながら徐々に速度および負荷を上げていく。回転中の騒音，振動，および温度上昇を調べ，異常が認められれば回転を停止し点検を行い，必要に応じて軸受を取外し，調査する。軸受の回転音は，ハウジングに聴診器を当てて音の大きさと音質を確認する。

また，振動が大きい場合は，振幅，周波数測定により異常原因の推定も可能である。軸受温度は回転時間とともに上昇し，ある一定時間後に安定状態となる。もし急激に温度が上昇するとか，何時間経過しても温度が上昇を続け安定

図2.52　定期点検

状態にならない場合には，回転を停止し原因調査が必要である。

原因として潤滑剤の過多，シールしめしろ過大，すきま過小，予圧過大などいろいろ考えられる。なお，軸受温度は外輪に測定端子を当て測定するのが最適であるが，ハウジング表面での測定，または特に問題がなければハウジングに手を当てて確認することもある。

## 軸受の取外し

定期点検または部品取替えのとき軸受の取外しが行われるが，軸，ハウジングはほとんど再使用され，軸受の再使用も少なくない。したがって，これらの部品を損傷なく取外すことが大切である。そのためには，はじめから取外し作業が容易な構造設計とすること，適切な取外し治具の準備が必要である。しめしろのある軌道輪を取外すときは，その軌道輪にだけ引抜き荷重をかけ，決して転動体を介して引抜いてはいけない。

### (1) 円筒穴軸受の取外し

小形軸受の取外しは，図 2.53，図 2.54 に示すように引抜き治具またはプレスを使用する方法がよくとられる。また，図 2.55～図 2.57 のように設計時点で配慮しておくことも必要である。大形軸受をしまりばめで長時間使用すると引抜きに大きな荷重が必要となる。このような場合，図 2.58 に示すように，設計段階から考慮し，油圧によって取外す。また，円筒ころ軸受のように内・外輪分離タイプでは，誘導加熱装置を用いて取外すこともできる。

### (2) テーパ穴軸受の取外し

アダプタを用いて取付けられた小形軸受は，締付けナットを緩めた後，図 2.59 のように内輪端面に当て金を当てハンマーで叩いて取外す。

テーパ軸，アダプタおよび取外しスリーブを用いて取付けられた大形軸受は，油圧を用いると作業が容易となる（図 2.60，図 2.61）。

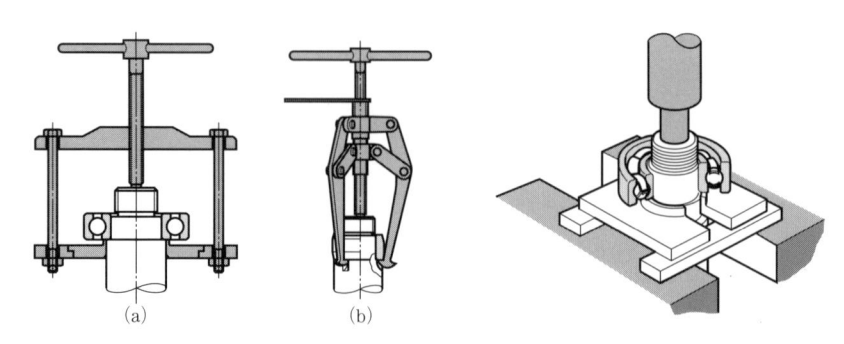

図 2.53　引抜き治具による取外し　(a)　(b)

図 2.54　プレスによる取外し

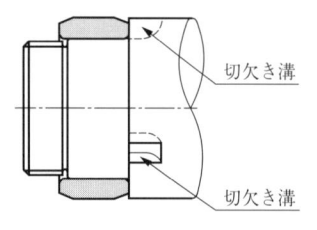

図 2.55　引抜き用切欠き溝　切欠き溝

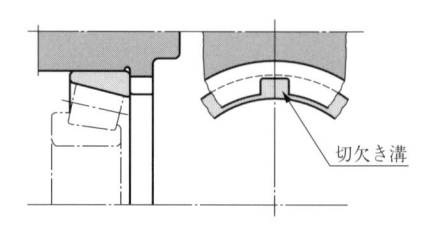

図 2.56　外輪取外し用切欠き溝　切欠き溝

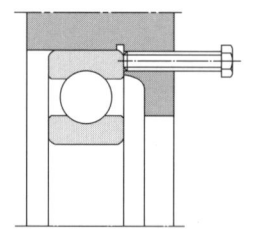

図 2.57　外輪取外し用ボルト

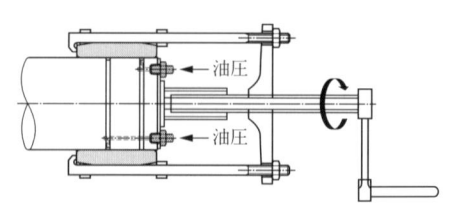

図 2.58　油圧による取外し　油圧

2.16 軸受の取扱い

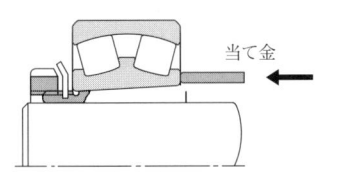

図 2.59 アダプタ付軸受の取外し

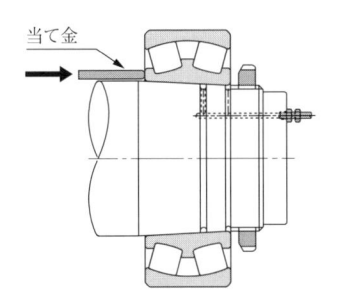

図 2.60 油圧による軸受の取外し

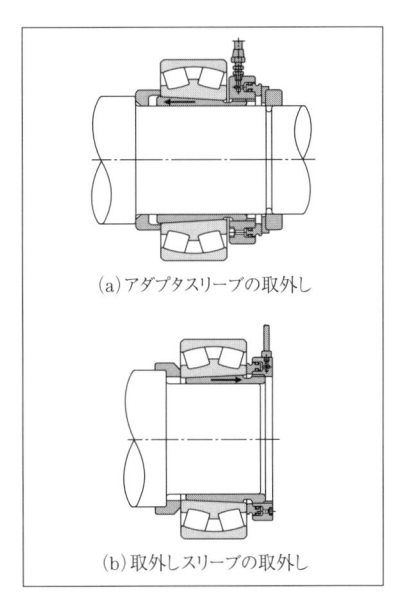

図 2.61 油圧ナットによる取外し
(a) アダプタスリーブの取外し
(b) 取外しスリーブの取外し

### ちょっとひと休み　2点吊りと3点吊り，本当の訳は何？

　一般産機の大形機械用に超大形の軸受が使用されることがある。具体的には内径が500 mmを超えるもの，外径が2 mを超えるものなども多々ある。

　この場合，軸受の組込みや梱包箱（たいていは大きな木箱）から軸受を取出すときに，軸受幅面に設けた吊りタップにアイボルトをつけて吊る場合が多い。さて，問題はその本数である。3点が決まれば平面が決まるという理屈で3点等配置（120度毎）説がある。大形機械の場合，軸やハウジングに立姿勢で組むことが多いが，長さが同じロープやチェインで3点を吊れば，軸受は水平に吊れ，軸やハウジングに組みやすいという説である（反論として，3点の吊り長さをまったく同じにするのは意外と難しい。つまり長さは異なり，完全な水平姿勢には吊れないとする意見もある）。

　一方，2点等配置（180度対角）説もある。この場合は，軸受を水平に吊って（軸受の軸心は立軸の状態），幅面を抑えてやればその姿勢（傾き）を簡単に調整できるという理屈である。軸やハウジングを立姿勢に置いても，完全に鉛直に置かれているとは考えにくい。ということは，軸受を組むときに軸受の姿勢を調整して合わす必要がある。こう考えると2点等配置説が理にかなっていそうだが，3点等配置説でも，3点の内の1点にチェインブロックをつければ軸受姿勢を調整できるので，問題はなかろう。現実には，両方共使えそうである。

　ちなみに，データをとったわけではないが，実際には3点等配置がよく見かけられ，次に多いのが4点等配置であり，2点等配置はほとんど見かけない。4点等配置であれば2点吊り，3点吊りも可能なので，4点等配置の方が多い理由と推定している。

## 2.17 軸受の損傷と対策

　一般に軸受は正しく取扱えば転がり疲労寿命まで使用できるが，早期損傷の場合には軸受の選定，取扱い，潤滑，密封装置など何らかの不備に起因すると考えられる。軸受損傷状況から原因を推定することは要因が多岐にわたるため非常に難しいが，使用機械，使用箇所，使用条件および軸受周りの構造などをよく把握し，損傷発生時の状況と損傷の現象から，原因を推定し再発防止を図ることが重要である。

> **ここに注意！　軸受の破損原因の究明**
>
> 　軸受の破損原因を究明するには，経験的にいくつかの注意点がある。
> 　たとえば，軸受自体が磁化していないかを，鉄片が吸着しないかどうかで簡単に調査できる。何らかの原因で磁化していると，鉄粉などを吸着し異物から損傷する場合がある。
> 　また，軸受の転動面など内部ばかりを観察するのでなく，内径面，外径面，幅面の当り跡などもよく観察すると，破損原因究明につながることがある。表 2.40 (a)～(g) に軸受の損傷と主な発生原因および対策を示す。

## 表 2.40(a)　軸受の損傷と主な発生原因および対策

| 現象 | 主な発生原因 | 主な対策 |
|---|---|---|
| ●フレーキング（はく離）<br><br>軌道面や転動体表面がうろこ状にはがれる。はがれた後に著しい凹凸ができる。 | ●過大な荷重，疲労寿命，取扱い不良<br>●取付け不良<br>●軸またはハウジングの精度不良<br>●内部すきま過小<br>●異物の浸入<br>●さびの発生<br>●潤滑不良<br>●異常温度上昇による硬さの低下 | ●軸受の再選定<br>●内部すきまの再検討<br>●軸，ハウジング加工精度の見直し<br>●使用条件の見直し<br>●組立方法・取扱いの改善<br>●軸受周りのチェック<br>●潤滑剤，潤滑方法の見直し |
| ●焼付き<br><br>軸受が発熱し変色，さらには焼付き，回転不能となる。 | ●内部すきま過小（変形による部分内部すきま小を含む）<br>●潤滑不足または潤滑剤の不適<br>●過大荷重（過大予圧）<br>●ころのスキュー<br>●異常温度上昇による硬さの低下 | ●潤滑剤の見直しおよび量の確保<br>●内部すきまの再検討(内部すきまを大きくする)<br>●ミスアライメントの防止<br>●使用条件の見直し<br>●組立方法・取扱いの改善 |

2.17 軸受の損傷と対策

表 2.40 (b)　軸受の損傷と主な発生原因および対策

| 現　象 | 主な発生原因 | 主な対策 |
|---|---|---|
| ●割れ・欠け<br><br>部分的に欠落している。<br>ひびが入っている。割れている。 | ●過大な衝撃荷重の作用<br>●取扱い不良（鋼製ハンマーの使用，大きな異物の噛み込み）<br>●潤滑不良による表面変質層の形成<br>●しめしろ過大<br>●大きなフレーキング<br>●フリクションクラック<br>●取付け相手の精度不良（隅の丸み大） | ●潤滑剤の見直し（フリクションクラックの防止）<br>●適正しめしろの見直し　材質の見直し<br>●使用条件の見直し<br>●組立方法・取扱いの改善 |
| ●保持器破損<br><br>リベットが緩むかまたは切断する。<br>保持器が破断する。 | ●過大なモーメント荷重の作用<br>●高速回転または大きな回転変動<br>●潤滑不良<br>●異物の噛み込み<br>●振動が大きい<br>●取付け不良<br>（傾いた状態での取付け） | ●潤滑剤・潤滑方法の見直し<br>●保持器選定の見直し<br>●軸，ハウジング剛性の検討<br>●使用条件の見直し<br>●組立方法・取扱いの改善 |

表 2.40(c)　軸受の損傷と主な発生原因および対策

| 現　象 | 主な発生原因 | 主な対策 |
|---|---|---|
| ●転走跡の蛇行<br><br>軌道面にできる当り（転動体の転走跡）が蛇行または斜行している。 | ● 軸またはハウジングの精度不良<br>● 取付け不良<br>● 軸およびハウジングの剛性不足<br>● 内部すきま過大による軸の振れ回り | ● 内部すきまの再検討<br>● 軸，ハウジング加工精度の見直し<br>● 軸，ハウジング剛性の見直し |
| ●スミアリング・かじり<br><br>表面が荒れ，微小な溶着を伴っている。軌道輪つば面ところの端面の荒れを一般にかじりと称す。 | ● 潤滑不良<br>● 異物の浸入<br>● 軸受の傾きによるころのスキュー<br>● アキシアル荷重大によるつば面の油切れ<br>● 面粗さ大<br>● 転動体の滑り大 | ● 潤滑剤，潤滑方法の見直し<br>● 密封性能の強化<br>● 予圧の見直し<br>● 使用条件の見直し<br>● 組立方法・取扱いの改善 |

表2.40(d) 軸受の損傷と主な発生原因および対策

| 現象 | 主な発生原因 | 主な対策 |
|---|---|---|
| ●さび・腐食<br><br>表面の一部または全面がさびている。<br>転動体ピッチ状にさびることもある。 | ●保管状態の不良<br>●包装不適<br>●防せい剤不足<br>●水分，酸などの浸入<br>●素手での取扱い | ●保管中のさび防止対策<br>●潤滑剤の定期検査<br>●密封性能の強化<br>●組立方法・取扱いの改善 |
| ●フレッチング<br><br>はめあい面に赤さび色の摩耗粉を生じるものと軌道面に転動体ピッチに生じるブリネル圧痕状のものがある。 | ●しめしろ不足<br>●軸受の揺動角が小さい<br>●潤滑不足（無潤滑状態）<br>●変動荷重<br>●輸送中の振動，停止中の振動 | ●軸受の再選定<br>●潤滑剤，潤滑方法の見直し<br>●しめしろの見直しおよびはめあい面に潤滑剤を塗布する<br>●内輪・外輪の分離包装（輸送時） |

表2.40(e)　軸受の損傷と主な発生原因および対策

| 現　象 | 主な発生原因 | 主な対策 |
|---|---|---|
| ●摩耗<br><br>表面が摩耗し，寸法変化を起こしている。荒れ，傷を伴うことが多い。 | ●潤滑剤中への異物の浸入<br>●潤滑不足<br>●ころのスキュー | ●潤滑剤，潤滑方法の見直し<br>●密封性能の強化<br>●ミスアライメントの防止 |
| ●電食<br><br>軌道面に噴火口状の凹みが見られ，さらに進展すると波板状になる。 | ●軌道面での通電 | ●電流のバイパスを作る<br>●軸受を絶縁する |

2.17 軸受の損傷と対策

表2.40(f) 軸受の損傷と主な発生原因および対策

| 現象 | 主な発生原因 | 主な対策 |
|---|---|---|
| ●圧痕・傷<br><br>固形異物の噛み込み。衝撃による表面の凹みおよび組込み時のすり傷。 | ●固形異物の浸入<br>●はく離片の噛み込み<br>●取扱い不良による打撃，落下<br>●傾いた状態での組込み | ●組立方法・取扱いの改善<br>●密封性能の強化（異物浸入の防止対策）<br>●軸受周りのチェック（金属片に起因するとき） |
| ●クリープ<br><br>内径面，外径面の滑りにより，鏡面になる。また，変色やかじりを伴う場合もある。 | ●はめあい部のしめしろ不足<br>●スリーブ締付け不足<br>●異常な温度上昇<br>●過大荷重の作用 | ●しめしろの見直し<br>●使用条件の見直し<br>●軸，ハウジングの加工精度の見直し<br>●軌道輪の幅面締結 |

表 2.40 (g)　軸受の損傷と主な発生原因および対策

| 現象 | 主な発生原因 | 主な対策 |
|---|---|---|
| ●なし地<br><br>軌道面の光沢が消え，なし地状に荒れている。微小な圧痕の集合。 | ●異物の浸入<br>●潤滑不良 | ●潤滑剤・潤滑方法の見直し<br>●密封装置の見直し<br>●潤滑油の清浄化（フィルタなどによるろ過） |
| ●ピーリング<br><br>微小はく離（大きさ10μm程度）の密集した部分をいう。<br>はく離に至っていない亀裂も無数に存在する。<br>（ころ軸受に発生しやすい） | ●異物の浸入<br>●潤滑不良 | ●潤滑剤・潤滑方法の見直し<br>●密封性能の強化（異物浸入の防止対策）<br>●なじみ運転の実施 |

## 2.18 参考資料（各国規格記号）

| 規格記号 | 規　格　名 |
|---|---|
| JIS | Japanese Industrial Standards（日本工業規格） |
| BAS | The Japan Bearing Industrial Association Standards（日本ベアリング工業規格） |
| ISO | International Organization for Standardization（国際標準化機構） |
| DIN | Deutsches Institut für Normung（ドイツ規格） |
| ANSI | American National Standards（アメリカ規格） |
| ABMA | The American Bearing Manufacturers Association（アメリカ軸受製造業者団体） |
| BS | British Standards（イギリス規格） |
| MIL | Military Specifications and Standards（アメリカ軍購買規格） |
| SAE | Society of Automotive Engineers（アメリカ自動車技術者協会） |
| ASTM | American Society for Testing and Materials（アメリカ材料試験協会） |
| ASME | American Society of Mechanical Engineers（アメリカ機械技術者協会） |
| JGMA | Japan Gear Manufactures Association（日本歯車工業会規格） |

### ちょっとひと休み　日本で初めて紹介されたボールベアリング

　日本に初めてボールベアリングが紹介されたのは，明治43年（1910年）。世界的に有名なスウェーデンのSKF社がサンプルを送り込んできたのが最初であると言われている。SKF社の創設は明治40年（1907年）であるが，東洋の新興工業国であった日本は，いち早く有望な市場として注目されたのであった。
　国産化が始まりだしたのは，大正に入ってからであるが，第二次世界大戦あたりまでは，SKF社を中心とする外国製品が多く使用されていた。

# 第3章
# ベアリングユニット
# (転がり軸受ユニット)

## 3.1 ベアリングユニットの構造と材料

### ベアリングユニットの構造

　ベアリングユニット(Bearing Unit：略称BU)は，シール付き深溝玉軸受といろいろな形状の軸受箱(ハウジング)を組合せたもので，機械や使用箇所によって適当な形状や材質のユニットを選択し，軸受箱底面を機械本体の取付け面に密着させボルトで固定して使用する。使用環境により給油式か無給油式を選定するが，共用できる給油式を使用する場合が多い。

　ベアリングユニットに使用されるベアリングは，軸受系列が62，63の深溝玉軸受と同じ内部構造(玉の大きさや個数，保持器など)のもので，軸受の両

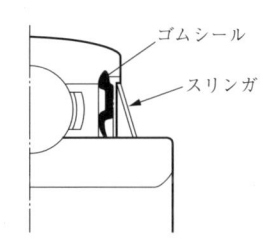

図3.1　ゴムシールとスリンガ

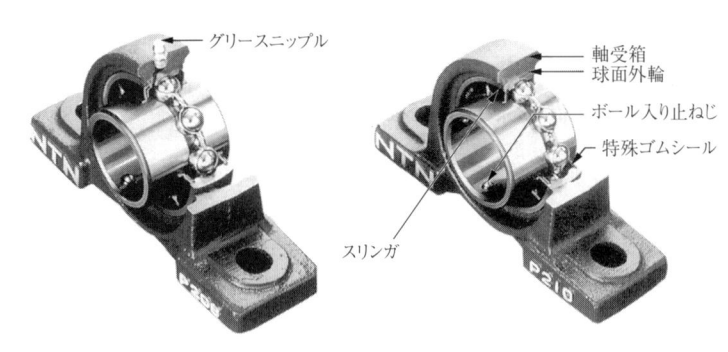

図3.2　ベアリングユニットの構造図

側に接触形のゴムシールと鋼板製のスリンガ（フリンガともいう）の二重シール構造を施したものが一般的である（図3.1）。

　玉軸受外径面と軸受箱内径面のはめあい部は球面状になっており，調心性があるため，取付け面の工作や取付けによって生じる軸心のわずかな狂いなどは，取付け時に上下左右の玉軸受の傾きを調整すれば，ベアリングに無理な力が加わらない構造になっている（図3.2）。

## カバー付きベアリングユニットの構造

　カバー付きベアリングユニットは，標準形ベアリングユニットの外側に防塵カバーを取付けたもので，軸受と軸受箱の両方の密封機構によって，防塵効果を高めるように特に考慮して設計されたベアリングユニットである。

　カバーは鋼板製と鋳鉄製があり，カバー用ゴムシールは軸との接触部分が2枚のリップで構成されていて，そのリップ間にグリースを詰めることにより優れた密封効果が得られ，同時にリップの接触面も潤滑される（図3.3）。

## ベアリングユニットの材料

　ベアリングユニットに用いる玉軸受および軸受箱の材料には，使用する用途に応じて表3.1のものがある。

3.1 ベアリングユニットの構造と材料

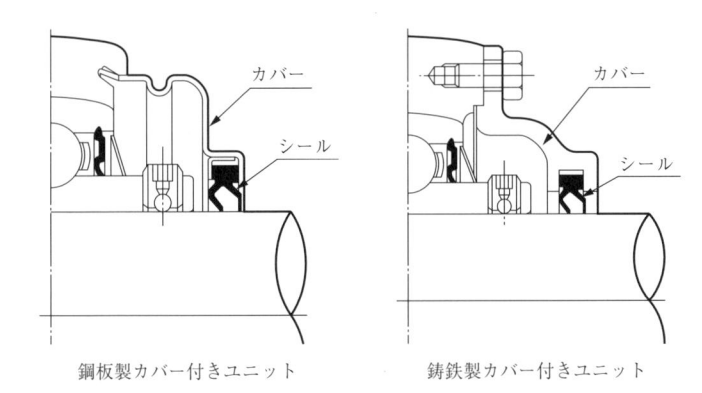

鋼板製カバー付きユニット　　　鋳鉄製カバー付きユニット

**図 3.3　カバー付きベアリングユニットの構造**

**表 3.1　ベアリングユニットの材料**

① ユニット用玉軸受の材料

| 玉軸受 | 材　料 | 記　号 | 主な用途 |
|---|---|---|---|
| 一般品 | 高炭素クロム軸受鋼2種 | SUJ 2 | 通常の深溝玉軸受と同じ標準材料で，一般的な用途に用いる。 |
| ステンレス品 | マルテンサイト系ステンレス鋼 | SUS 440 C | 発錆を嫌い耐食性が必要な用途に用いる。 |

② ユニット用軸受箱の材料

| 軸受箱 | 材　料 | 記　号 | 主な用途 |
|---|---|---|---|
| 一般品<br>（鋳鉄製） | ねずみ鋳鉄 | FC 200 | 一般的な用途に用いるもので，多種類の形状をした軸受箱があるので，使用個所に適したものを選定して用いる。 |
| 鋼板品 | 冷間圧延鋼板<br>熱間圧延鋼板 | SPCC<br>SPHC | 軽量，コンパクトなので取付けスペースや重量に制約のある用途。 |
| ダクタイル品 | 球状黒鉛鋳鉄 | FCD 450 | 一般品より高い軸受箱強度が必要な用途。 |
| スチール品 | 一般構造用圧延鋼材 | SS 400 | ダクタイル品より高い軸受箱強度が必要な用途。重荷重下で振動，衝撃荷重を負荷する箇所。 |
| ステンレス品 | ステンレス鋳鋼 | SCS 13 | 発錆を嫌う耐食性が必要な用途。ステンレス製軸受と組合せて用いられる。 |
| プラスチック品 | ガラス繊維強化樹脂 | — | 軽荷重下で発錆を嫌う耐食性が必要な用途。軽量化にも貢献。ステンレス製軸受と組合せて用いられる。 |

表 3.2 鋳鉄製軸受箱の安全係数

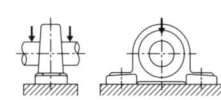

| 荷重の種類 | 静荷重 | 繰返し荷重 | | 衝撃荷重 |
| --- | --- | --- | --- | --- |
| | | 片振り | 両振り | |
| 安全係数 $S_0$ | 4 | 6 | 10 | 15 |

ユニット用軸受箱の許容荷重は，静破壊荷重と**表 3.2**に示される安全係数 $S_0$ から式(3.1)により求める。

$$P_0 = P_{st}/S_0 \tag{3.1}$$

$P_0$：軸受箱の許容荷重（N）

$P_{st}$：軸受箱の静破壊荷重（N）

$S_0$：安全係数

### ここに注意！　軸受箱に作用する荷重と安全率の確保

軸受箱の静破壊強度は，軸受箱の形式や作用する荷重の種類と方向によって異なり，また機台の剛性および軸受箱取付け面の平坦度などの取付け条件にも影響される。ピロー形ユニットは本来，下向荷重を基準に設計されている。しかし，機械の構造上，やむを得ず軸受箱に下向方向以外の荷重が作用する変則的な場合には，静破壊強度が低下するので充分安全率をとる必要がある。詳細は軸受メーカーに問い合わせいただきたい。

## 3.2 ベアリングユニットの呼び番号と形式

### ベアリングユニットの呼び番号

ベアリングユニットの呼び番号は，組合せるユニット用玉軸受とユニット用軸受箱のそれぞれの呼び番号を組合せたもので，図3.4のような記号で表す。

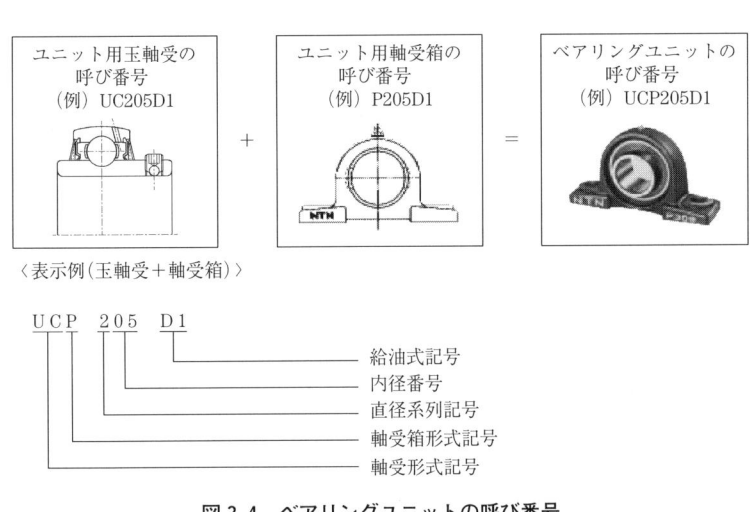

```
U C P   205   D1
│ │ │    │    │
│ │ │    │    └─ 給油式記号
│ │ │    └────── 内径番号
│ │ └─────────── 直径系列記号
│ └───────────── 軸受箱形式記号
└─────────────── 軸受形式記号
```

図3.4 ベアリングユニットの呼び番号

### ユニット用玉軸受の呼び番号

ユニット用玉軸受の呼び番号は，軸受の形式，寸法系列，内径寸法などの記号を組合せたもので，図3.5のように表す。

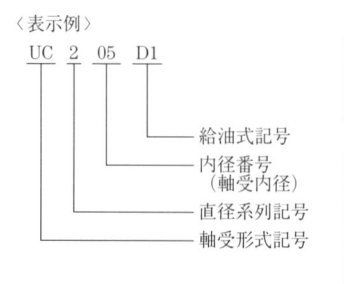

〈表示例〉
```
UC 2 05 D1
   │ │  │  └─ 給油式記号
   │ │  └─── 内径番号
   │ │         （軸受内径）
   │ └────── 直径系列記号
   └──────── 軸受形式記号
```

●直径系列記号

| 2 系列 | 軽荷重 |
|---|---|
| X 系列 | 中重荷重 |
| 3 系列 | 重荷重 |

●内径番号と内径寸法

| ＃00 | 10mm（CS200LLU） |
|---|---|
| ＃01 | 12mm |
| ＃02 | 15mm |
| ＃03 | 17mm |
| ＃04以上は内径番号×5 ||

図3.5　ユニット用玉軸受の呼び番号

## ベアリングユニットの形式

　ベアリングユニットには，使用用途により主に次の形式がある。また，ほかにも多くの種類があるので，軸受メーカーのカタログを参照願いたい。

　① ピロー形ユニット（図3.6）

　ベアリングユニットの代表的な形式で，軸への取付けは止めねじを締付けるだけで簡単にでき，一般機械などに最も多く使用されている。

　② 角フランジ形ユニット（図3.7）

　軸受箱の形状が角形で4本のボルトにより機械の側壁などに取付けるようになっている。軸受周りの構造も簡単で取付けも簡易なため，フランジ形の中で最も広く使用されている。

　③ テークアップ形ユニット（図3.8）

　軸受箱にはスライド溝が設けてあり，軸受箱が自由に移動できる構造になっている。軸間距離を調節する必要がある箇所に使用される。

　④ テークアップ形ストレッチャーユニット（図3.9）

　山形鋼製のフレームにテークアップ形ユニットを組合せたもので，そのフレーム内でテークアップ形ユニットが自由に移動できるようになっている。

図 3.6　ピロー形ユニット

図 3.7　角フランジ形ユニット

図 3.8　テークアップ形ユニット

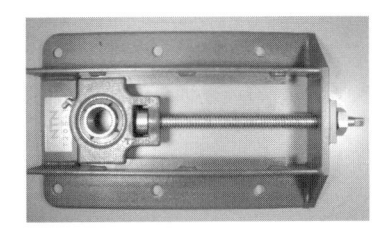

図 3.9　テークアップ形
　　　　ストレッチャーユニット

## 3.3　ベアリングユニットの取扱い

### 取付け軸について

　止めねじ方式，偏心カラー方式のいずれも，一般的な使用条件であれば組立の便宜を考慮して，軸受内径と軸のはめあいはすきまばめとし，軸の精度は図3.10，図3.11によるのが適当である。アダプタ方式の場合は一般的な使用条件であれば，軸はh9で差し支えない。

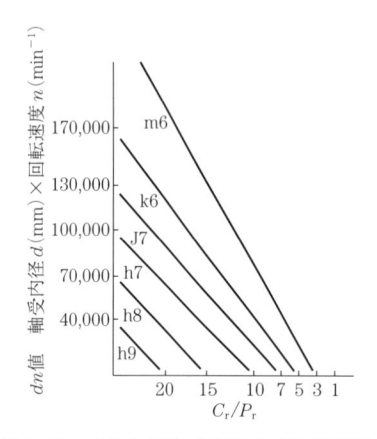

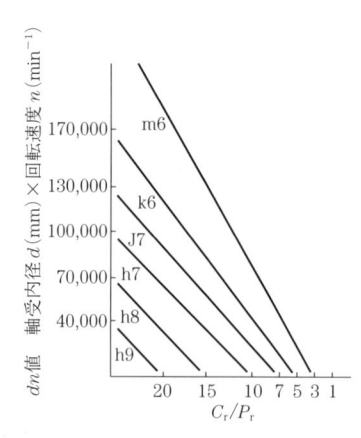

図 3.10　止めねじ方式の軸の寸法許容差　　図 3.11　偏心カラー方式の軸の寸法許容差

$dn$ 値：軸受内径 (mm) × 回転速度 (min$^{-1}$)
$C_r$ 値：基本動定格荷重
$P_r$ 値：動等価ラジアル荷重
純ラジアル荷重の場合は荷重：$P_r$

## ちょっとひと休み　偏心カラー式軸受の軸への止め原理

ユニット用玉軸受の形式にある偏心カラー式軸受の軸への止め原理について説明する。

内輪の片側に設けた偏心部と偏心カラーの偏心部は，いずれも偏心量が 0.8 mm に設定してあるため，偏心カラー式軸受を軸に通した後に偏心カラーを回転方向に手で回していくと，この偏心部の凹凸量の組合せにより偏心カラーの内径部が軸を締付けていく。

次に偏心カラーをより大きなトルクで締付けた後，止めねじを締付ければ軸受とともに軸へ固定される。

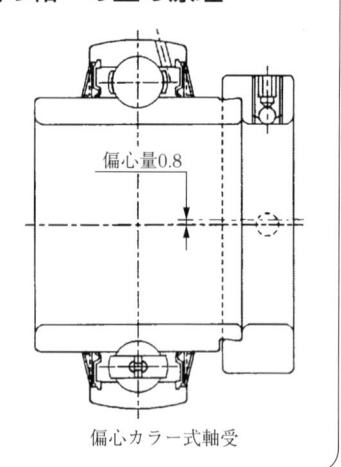

偏心量0.8

偏心カラー式軸受

## 3.3 ベアリングユニットの取扱い

> **ここに注意！ アキシアル荷重が大きい場合の対応**
>
> アキシアル荷重が大きい場合や振動がある場合は右図のような段付き軸を使用する。ただし，アダプタ式軸受の場合はスリーブ端面に負荷がかかって悪影響を及ぼすため段付き軸は使用しないこと。
>
> また，軸を段付きにできない場合は，簡便法として軸にキリ穴をあけ，止めねじでアキシアル荷重を受けるキリ穴方式を用いても良い。ただし，軸受箱の取付け位置と軸のキリ穴との位置関係を正確にする必要がある。
>
> 段付き軸
>
> キリ穴方式

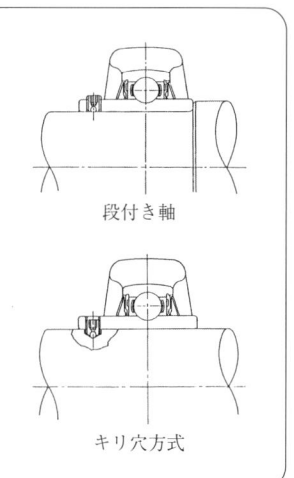

## 許容回転速度

標準的なユニット用玉軸受は，ゴムシールと内輪外径部が接触して防塵性を高めてあるが，シール接触部の周速によって制約を受ける。これを加味した標準軸受の許容回転速度を**図 3.12** に示す。

高速回転に対しては，いずれの固定方法を用いても内輪を変形させ，振動の原因となる。したがって高速回転時の許容回転速度に関しては，**図 3.12** と**図 3.13** のいずれか低い方の値をとり，しめしろをもたせるか０に近いすきまばめをとる。

ベアリングユニットは組み込みやすさの点より，一般的な使用条件であれば内輪と軸とのはめあいは，通常すきまばめにする。

さらに高い回転速度が必要な場合は，非接触形のゴムシールまたはシールド軸受（**図 3.15**）を使用する。この場合，軸公差・グリース量も合わせて検討が必要である。

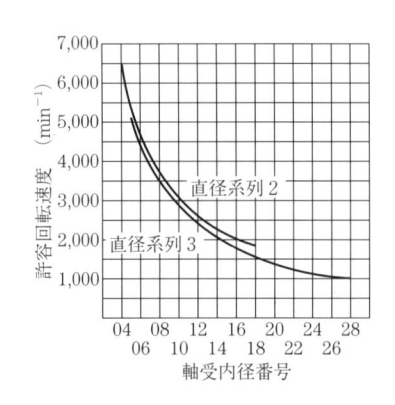

図 3.12　標準ゴムシール軸受の許容回転速度

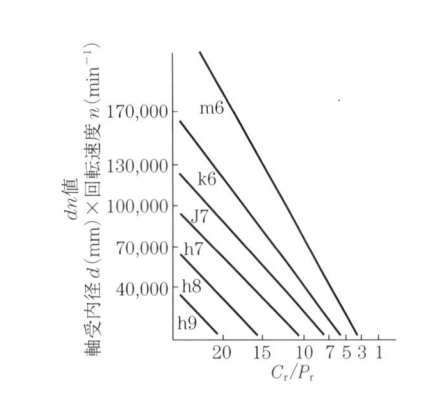

図 3.13　止めねじ方式の軸の寸法

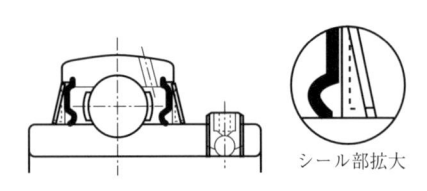

図 3.14　接触形ゴムシール軸受

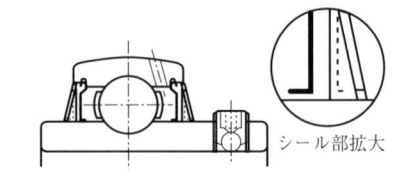

図 3.15　非接触形シールド軸受

## ベアリングユニットの取付け

**（1）　取付け面（図 3.16）**

ベアリングユニットを長期間安全に使用するために，
- 運転時に変形しないよう，取付け面に充分な剛性があること
- 取付け面は平坦で，がたつきがないこと（平坦度は 0.05 mm 以下推奨）

などに考慮することが大切である。

〈不具合事例─軸受箱の破損事例〉

図 3.17 は，取付け面の剛性不足や平坦度が充分でなく，軸受箱が変形し破損した事例である。また，軸受も変形するため，早期破損につながることから充分注意が必要である。

3.3 ベアリングユニットの取扱い

図 3.16 取付け面が悪くすきまができた状態

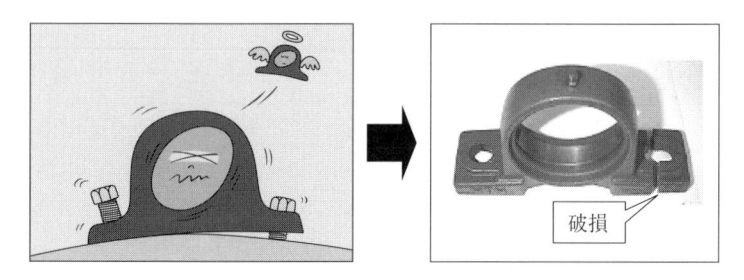

図 3.17 六角ボルトで締付け後に破損した軸受箱

(2) 取付け角度（図 3.18）

　グリースを正常に給油するため，ベアリングユニットの取付け面と軸との角度は±2°以内にする。

　また，カバー付きユニットの場合は，カバー用シールの性能を確保するため，

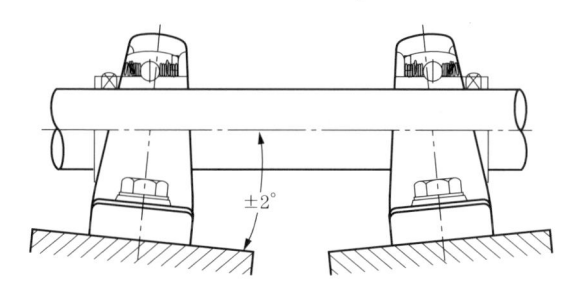

図 3.18 取付け面と軸との取付け角度

いずれの軸受も取付け面と軸との角度は±1°以内を厳守する。

## 止めねじ方式による軸への取付け

① 取付け前の軸への処理

　止めねじを軸に締付けると，止めねじ先端が軸に食い込んでその周辺部が盛り上がり，軸受が取外しにくくなる。そのため，あらかじめ軸に平坦加工をしておくと良い（**図 3.19**）。特に軸と内輪のはめあいすきまが小さい場合は，止めねじが軸に当たる部分を 0.2～0.5 mm 程度平坦加工しておくと，軸受を軸から抜く際に作業性が良い。

② 手順1：止めねじの先端確認

　止めねじ2本の先端が，軸受内径面から出ていないかを確かめる。出ている場合は止めねじの位置を調整し，軸受挿入時に軸へ当たらないようにする。

③ 手順2：ベアリングユニットの軸への挿入

　ベアリングユニットを左右均等の力でこじれないように軸に押し入れる。次に，軸受箱が軸に対して上下左右が直角位置になるように，軸受箱の向きを調整する。

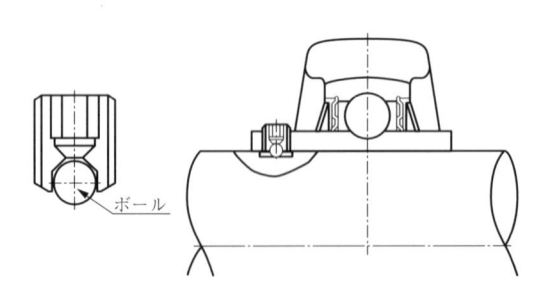

図 3.19　止めねじと軸への平坦加工

## 軸受と軸のはめあい

一般の深溝玉軸受の軸とのはめあいはしまりばめのため，内輪内径の寸法精度はマイナス公差であり軸に圧入して用いるが，ユニット用玉軸受の場合は軸とのはめあいはすきまばめのため，内輪内径の寸法精度はCS形を除いてはプラス公差である。そのため一般の深溝玉軸受のように，軸への圧入の際に軸受を加熱して内径を膨らますような作業は不要である。ベアリングユニットを軸に通して，軸受内輪の2本の止めねじを締め付けるだけで容易に軸へ固定することができる。

## 軸受部分へのハンマーリング厳禁

軸受部分を叩くと，スリンガが変形したり軸受軌道面に圧痕が発生したりして，軸受性能に悪影響を及ぼすことがあるので絶対にやらないこと。

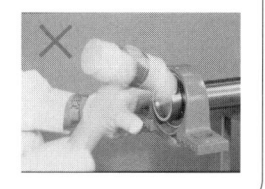

④ 手順3：軸受箱の取付けと軸の回転確認

軸にユニットを挿入したら軸および回転体を手で数回まわし，引っかかりがないかどうか確認する。引っかかりがあれば，鉄パイプなどを用いて軸受箱に対する玉軸受の上下左右の向きを微調整し，こじれを直してから軸受箱をボルトで固定する。

その後，再び軸および回転体を手で数回まわし，引っかかりがないかどうか確認する。

⑤ 手順4：止めねじの締付け

軸受に付いている止めねじを軸に締付ける際は，六角棒スパナを止めねじの六角穴に正確にはめ込んでから，トルクレンチを用いて軸受メーカーが推奨している締付けトルク値で，2か所の止めねじを交互に2回以上に分けて均等に締付ける。

## 止めねじ締付け時の注意点

　止めねじの緩みを防止するには，強く締付けた方がよいと考えやすいが，過度に締付けたり片締めすると，内輪の外径は下図のようにハート状に変形する。また，内輪の軌道輪も同様に変形し，部分的に軸受内部すきまが過小となり早期破損や内輪割れの原因になるため，止めねじは軸受メーカーの推奨締付けトルク値で２本を均等に締付ける必要がある。

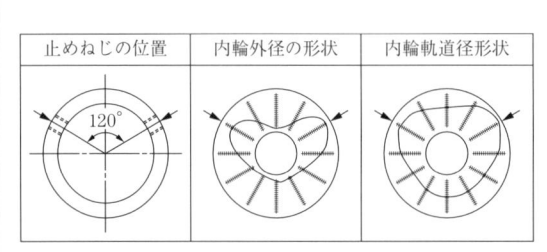

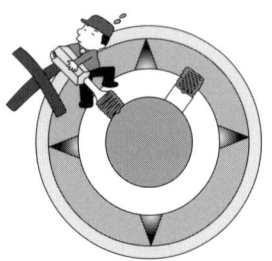

| 止めねじの位置 | 内輪外径の形状 | 内輪軌道径形状 |
| --- | --- | --- |
| 120° | | |

## アダプタ方式の軸への取付け

　アダプタ方式の場合，必要以上に締め過ぎると軸受内部すきまが過小になり，焼付き事故の原因となるため，締付け後は手回しで軸がスムーズに回転するか確認し，引っかかりがあれば調整し直すこと。

## 偏心カラー方式の軸への取付け

　偏心カラー方式の場合，カラーを回転方向と反対側に締付けると運転中に緩みが発生するため，必ず回転方向と同じ方向に締付けること。
　また，止めねじ付き軸受と同じで，締め過ぎると軸受すきま過小や変形が生じて早期破損につながるため，充分注意が必要である。

〈不具合事例—内輪のクラックと破損事例〉

片締め（止めねじを1本のみ規定トルクで締付けた後に残り1本を締付ける）や締付け過ぎは早期破損につながるため，厳禁である。

図3.20は，止めねじの締め過ぎによる内輪のクラックと破損事例である。

図3.20 内輪クラック（左）と内輪割損品（右）

## 鋼板製カバー付きユニットの取付け（図3.21）

① 手順1：カバーの取外し

出荷時にはカバーは仮組みされているが，ドライバなどを使えば簡単に取外しができる。

② 手順2：カバー用シールリップ間へのグリース詰め

開きカバーのカバー用シールの二重リップ間には，グリースを充分詰める（鋳鉄製カバーの場合も同様）。

③ 手順3：開きカバー内側へのグリース塗布

開きカバー内側の空間容積の約2/3程度を目安にグリースを詰める。鋳鉄製カバーの場合も同様である。ただし，閉じカバー内側へのグリース詰めは不要である。

④ 手順4：軸受箱のカバー取付け溝へのグリース塗布

鋼板製カバーの場合，シール性を高めるため，軸受箱のカバー取付け溝へグ

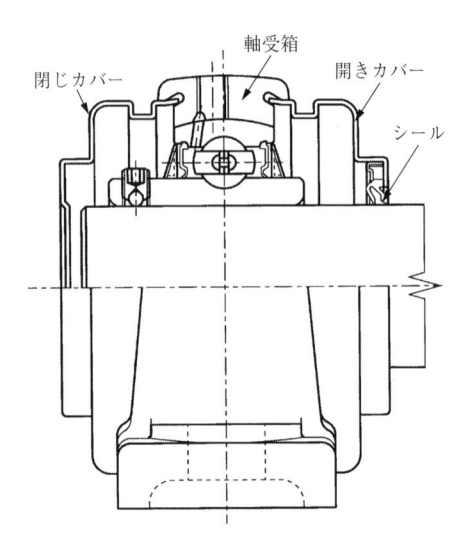

図 3.21　鋼板製カバー付きユニット

リースを詰める。両側にカバーを装着する場合は，両側ともグリースを詰める（鋳鉄製カバーの場合は不要）。

⑤　手順5：軸と内輪および軸受箱の固定

奥側に取付ける開きカバーを軸に通してからベアリングユニットを軸に入れ，前述の止めねじ方式と同様の手順により，軸受箱を取付け面に固定し，次に軸へ内輪を固定する。

⑥　手順6：鋼板製カバーのかしめ

鋼板製カバーを軸受箱のカバー溝に入れ，手で回転させながら，木製または樹脂製ハンマーを用いて45°程度の方向からカバー側面を叩いて，カバーが回転しなくなるまで全周均等に打ち込み，カバー溝にかしめる。

## 軸端部の面取り加工

**ここに注意！**

カバーのシールを傷つけないように，軸の端面部は先に面取り加工をしておく。

# 給油式ベアリングユニットの選定条件

以下のような使用箇所には給油式のベアリングユニットを用い，定期的にグリースを補給する必要がある（**表 3.3**）。

① ごみが非常に多い場所で，スペースがなくカバー付きが使用できない場合。
② 水分が降りかかる場所で，スペースがなくカバー付きが使用できない場合。
③ 多湿環境下で断続運転する場合。

表 3.3　一般的なグリース補給間隔例

| 種類 | $dn$ 値 | 環境条件 | 運転温度（℃） | 補給間隔 | |
|---|---|---|---|---|---|
| | | | | 運転時間（h） | 期　間 |
| 標準品 | 40,000 以下 | 普通 | $-15\sim80$ | 1,500～3,000 | 6～12 か月 |
| 標準品 | 70,000 以下 | 普通 | $-15\sim80$ | 1,000～2,000 | 3～6 か月 |
| 標準品 | 70,000 以下 | 普通 | 80～100 | 500～700 | 1 か月 |
| 標準品 | 70,000 以下 | ごみが多い | $-15\sim100$ | 100～500 | 1 週間～1 か月 |
| 標準品 | 70,000 以下 | 水分が多い | $-15\sim100$ | 30～100 | 1 日～1 週間 |

④ $P_r$ が $0.1\,C_r$ 以上の重荷重で，回転速度が $10\,\text{min}^{-1}$ 以下，または揺動運転の場合。
⑤ 空調機ファンのように回転速度が高く，音響を問題にする箇所で使用する場合。

※軸受温度が 100℃ 以上になる高温環境での使用時は多くの注意事項があるので，必ず軸受メーカーのカタログを参照のこと。

## グリースの給油方法と補給量

グリースはグリースガンや集中式給油装置などを用いて，機械の運転中に軸受が回転（グリースが攪拌）している状態で給油する。その際，軸受外輪とスリンガの間のすきまから，少量のグリースが出てくるまで過剰な圧力を加えず徐々に給油する（図 3.22～図 3.24）。

一般的にベアリングユニットに用いるグリースは，リチウム石けん基系のグリースが封入されているが，耐熱仕様など特殊環境仕様品にはさまざまな種類のグリースが使用されているので，軸受メーカーが推奨するグリース銘柄を選定する。この場合，異種グリースの使用は潤滑性能に悪影響を及ぼすことがあるので，避けるべきである。

### グリース給脂時の注意点

軸受が回転していないときに給脂すると，グリースは軸方向の一部分の範囲だけしか通過しないため，ほとんどの劣化グリースは軸受内に残存し，潤滑性能の維持向上は期待できない。また，局部的に圧力がかかってゴムシールが外れる場合もあるので，必ず軸受が回転中に給脂すること。

3.3 ベアリングユニットの取扱い

図 3.22 グリースガンでの給油状況

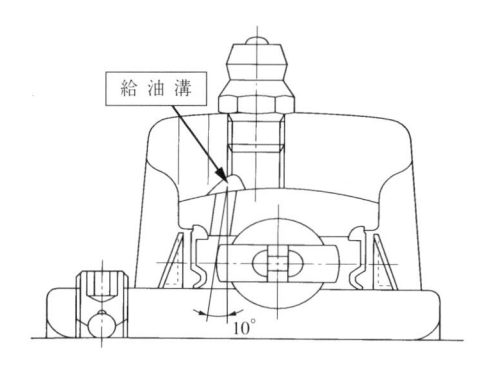

図 3.23 給油式ユニット構造図

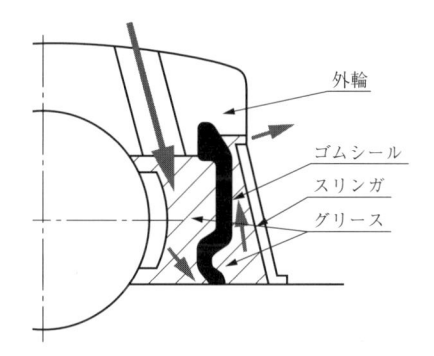

図 3.24 給油グリースの流れ（矢印）

### ちょっとひと休み　多岐にわたるベアリングの需要分野

　ベアリングは，パソコンや洗濯機などの身近な製品から，宇宙ロケットなどの最先端のものまであらゆる機械の回転部分に使用されている。また製品の大きさは，数 mm から 10 m 以上のものまであり，製品の種類は 2 万種類ともいわれている。

　また自動車などに使用される大量生産品目向けのものと，工作機械など比較的ベアリング使用量の少ない産業向けの多様で小ロットの製品がある。ベアリングの全生産量のうち約 80% が前者に向けられ，自動車，モーター，農業用機械などに使用されている。しかし，これらは品種数では全体の約 10% に過ぎない。後者の多様な小ロット製品は，生産量では全体の約 20% を占めているだけだが，品種数では全体の約 90% にもなる。

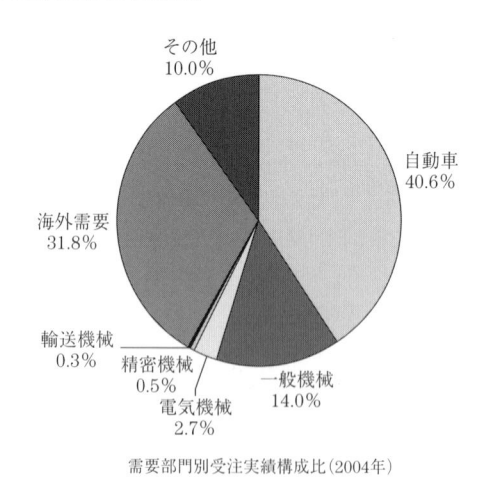

その他 10.0%
自動車 40.6%
海外需要 31.8%
輸送機械 0.3%
精密機械 0.5%
電気機械 2.7%
一般機械 14.0%

需要部門別受注実績構成比(2004年)

# 第 4 章

# 滑り軸受

## 4.1 焼結含油軸受

### 歴史

　焼結含油軸受は，19世紀後期に考案されすでに存在していたと言われているが，実用化されたのは1916年，E. G. Gilson（ドイツ）によってである。日本では1934年に松川達夫博士によって研究され，1935年に含油合金製造所で生産されたが，戦前は一部で利用されただけで，大規模な生産は1950年以降である。原材料は銅粉，鉄粉が使用され，鉄粉は1934年にヘガネス（スウェーデン）より海綿鉄粉が供給され，銅粉は1937年に福田金属が電解銅粉を開発し供給を始めた。

### 長所と短所

　焼結含油軸受は，一般には含油軸受，オイレスベアリング，あるいは単にメタルなどと呼ばれているが，JISでは『金属粉を主成分とする多孔質焼結体に含油された軸受』と定義されている。

（1） 長所
① 注油の手間が省ける。
② 通常の金属では得られないような数種の金属，または金属と非金属の複合体が得られる。
③ 加工が省略でき，材料の節約ができる。
④ 多孔質の金属材料が得られる。
⑤ 玉軸受と比較して，騒音が低い。
⑥ 生産性がよいため，数量が多い場合，コストが安い。
⑦ 特別給油機構を必要としない。

（2） 短所
① 玉軸受と比較して摩擦係数が高い。
② 油圧の逃げがあるため $PV$ 値（面圧 $P$ と滑り速度 $V$ の積）に限界があり，高荷重に不適。
③ 機械的強度は溶製材と比べて低い。
④ 切削の必要なものは，表面の多孔性が悪くなる。

## 動作原理

焼結含油軸受は滑り軸受の一種で，軸受として正常に働くためには潤滑油の介在が必要である。溶製金属で作られた非多孔質の軸受では，運転中に潤滑油を常時給油しながら使われるが，焼結含油軸受では，軸受自体に気孔があり，この内部に潤滑油を含浸しているので，動作中は軸受内部で循環し潤滑の役目を果たしている。

（1） 静止時の状態
軸が回転していない停止の状態では，その軸は回転体の自重によって軸受内径下部に接しており，潤滑油は軸受の気孔の中に吸収されている。軸と軸受の接触部分を拡大した状態をみると，**図 4.1** に示すように軸受内径面の上に軸が

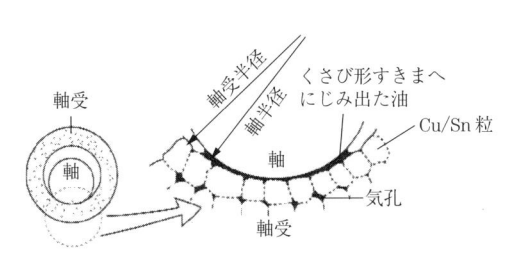

図 4.1　焼結含油軸受の内部（静止時の状態）

乗っており，そのすきまには毛細管作用で油が網の目のように互いにつながり合って詰まっていると考えられる。

## （2）　運転時の状態

　軸が回転を始めると，軸受内径面との間にわずかの油膜が形成される。このとき油膜が厚ければ軸と軸受で金属同士の接触は起こらないが，普通はそれほど油膜が厚くなく，またミクロ的にみると軸，軸受とも表面には凹凸があり，金属同士の摩擦も起こり，摩擦熱が生じる。この摩擦熱によって温度が上がり，内部に含まれていた油の粘度が低下し流動しやすくなり，熱膨張も手伝って，軸受の滑り面に次第に油がしみ出してきて潤滑作用を行うといわれている。しかし焼結含油軸受から油が出てきて潤滑する機構は，熱的作用のほかにポンプ作用と呼んでいる効果的なメカニズムが働いていることが明らかになるとともに，含油軸受の優秀性が一般的に知られるようになってきた。すなわち軸が回転することにより軸受内部の油が吸い出されて，**図 4.2** のように，油圧の低い上の部分から高い油圧を受ける摺動部に向かって油が流れる。

　この油の流れによって生じる油のくさびが軸受の底面から軸を持ち上げて，金属同士の接触を防止する働きをしている。また軸は，偏心し軸受内径面での油圧面での油圧分布は **図 4.2** のようになる。一方，焼結含油軸受は油圧が生じても気孔を通じて油が逃げるため，油圧が低下し，溶製金属の軸受に比べると負荷容量が小さい。しかし，この気孔があるため，ポンプ作用による油が軸受潤滑に対して効果的に働いている。また，軸が止まると，軸受内径面に存在す

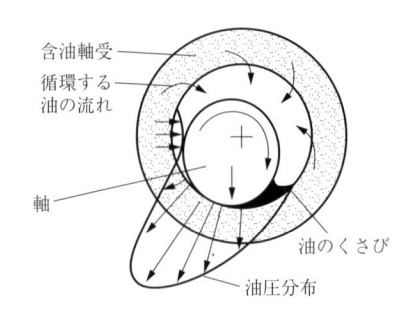

**図 4.2 ポンプ作用のメカニズム**

る余分の油は毛細管力によって再びもとの気孔に吸収される。実際には油の飛散，蒸発などにより徐々に油は消耗されていくが，機能的には無給油で使用できる合理的な軸受ということができる。

## 材質

焼結含油軸受の材質は JIS Z 2550 に定められている（**表 4.1**）。基本的にはこの JIS に従っているが，用途によって各焼結メーカーは独自の配合比率，添加剤などで対応をしている。

## 形状と主な用途

焼結含油軸受の形状は，①スリーブ形，②フランジ形，③スフェリカル形，④スラストワッシャ形，⑤特殊形の 5 種類からなる。主な用途は**表 4.2**にまとめてあるように，自動車電装用モータ（例：ワイパー，パワーウィンドウ，スタータなど），複写機，プリンタ（例：感光ドラム，ポリゴンスキャナーなど），家庭電化製品（例：扇風機，換気扇，ヘアドライヤなど）に多く使用されている。

表 4.1　焼結含油軸受の材質（JIS Z 2550）

| 材料 | 等級 | 化学成分（%） | | | | | | 機械的特性 | | | |
|---|---|---|---|---|---|---|---|---|---|---|---|
| | | Fe | Cu | Sn | Gr | C（結合） | その他 | 開放気孔率（%） | 密度（g/cm³） | 圧環強さ（N/mm²） | 線膨張係数（℃⁻¹×10⁻⁶） |
| 純鉄系 | P 1011 Z | 残 | — | — | — | 0.3 以下 | 2 以下 | 27 以上 | 5.4 | 120 以上 | 12 |
| | P 1012 Z | | | | | | | 22 以上 | 5.8 | 170 以上 | |
| | P 1013 Z | | | | | | | 17 以上 | 6.2 | 220 以上 | |
| 鉄-銅系 | P 2011 Z | 残 | 1〜4 | — | — | 0.3 以下 | 2 以下 | 27 以上 | 5.4 | 150 以上 | 12 |
| | P 2012 Z | | | | | | | 22 以上 | 5.8 | 200 以上 | |
| | P 2013 Z | | | | | | | 17 以上 | 6.2 | 250 以上 | |
| 鉄-青銅系 | P 2082 Z | 残 | 34〜38 | 3.5〜4.5 | 0.3〜1.0 | 0.5 以下 | 2 以下 | 24 以上 | 5.8 | 90〜264 | 14 |
| | P 2083 Z | | | | | | | 19 以上 | 6.2 | 120〜329 | |
| | P 2092 Z | 残 | 43〜47 | 4.0〜5.0 | 1.0 以下 | 0.5 以下 | 2 以下 | 20 以上 | 5.6 | 70〜174 | 14 |
| | P 2093 Z | | | | | | | 13 以上 | 6.0 | 80〜210 | |
| 鉄-炭素-黒鉛系 | P 1053 Z | 残 | — | — | — | 2.0〜3.5 | 0.5 以下 | 24 以上 | 5.6 | 70〜245 | 16 |
| | P 1054 Z | | | | | | | 19 以上 | 6.0 | 100〜310 | |
| 青銅系 | P 4011 Z | — | 残 | 9〜11 | — | — | 2 以下 | 27 以上 | 6.1 | 110 以上 | 18 |
| | P 4012 Z | | | | | | | 22 以上 | 6.6 | 140 以上 | |
| | P 4013 Z | | | | | | | 15 以上 | 7.0 | 180 以上 | |
| | P 4014 Z | | | | | | | 10 以上 | 7.4 | 210 以上 | |
| 青銅＋黒鉛系 | P 4021 Z | — | 残 | 9〜11 | 0.5〜2.0 | — | 2 以下 | 27 以上 | 5.9 | 90 以上 | 18 |
| | P 4022 Z | | | | | | | 22 以上 | 6.4 | 120 以上 | |
| | P 4023 Z | | | | | | | 17 以上 | 6.8 | 160 以上 | |

## 表 4.2　形状と主な用途

| 形式 | 形状 | 機　　能 | 主な用途 |
|---|---|---|---|
| スリーブ形 |  | (1) ラジアル荷重が負荷できる。 | 家庭電化製品<br>音響・映像機器<br>自動車電装品<br>事務機<br>農業機械 |
| フランジ形 |  | (1) ラジアル荷重とアキシアル荷重が負荷できる。<br>(2) フランジ部で位置決めができる。 | 自動車電装品<br>事務機 |
| スフェリカル形 |  | (1) ラジアル荷重が負荷できる。<br>(2) 調心性がある。 | 家庭電化製品<br>音響・映像機器<br>自動車電装品 |
| スラストワッシャ形 |  | (1) アキシアル荷重が負荷できる。 | 一般機械 |
| 特殊形 |  | (1) ラジアル荷重と一方向のアキシアル荷重が負荷できる。<br>(2) 調心性がある。<br>(3) 軸受長さの延長が可能。 | 家庭電化製品<br>音響機器 |
| 特殊形 |  | (1) ラジアル荷重と一方向のアキシアル荷重が負荷できる。<br>(2) 調心性がある。<br>(3) 軸受長さの延長が可能。 | 家庭電化製品 |

4.1 焼結含油軸受

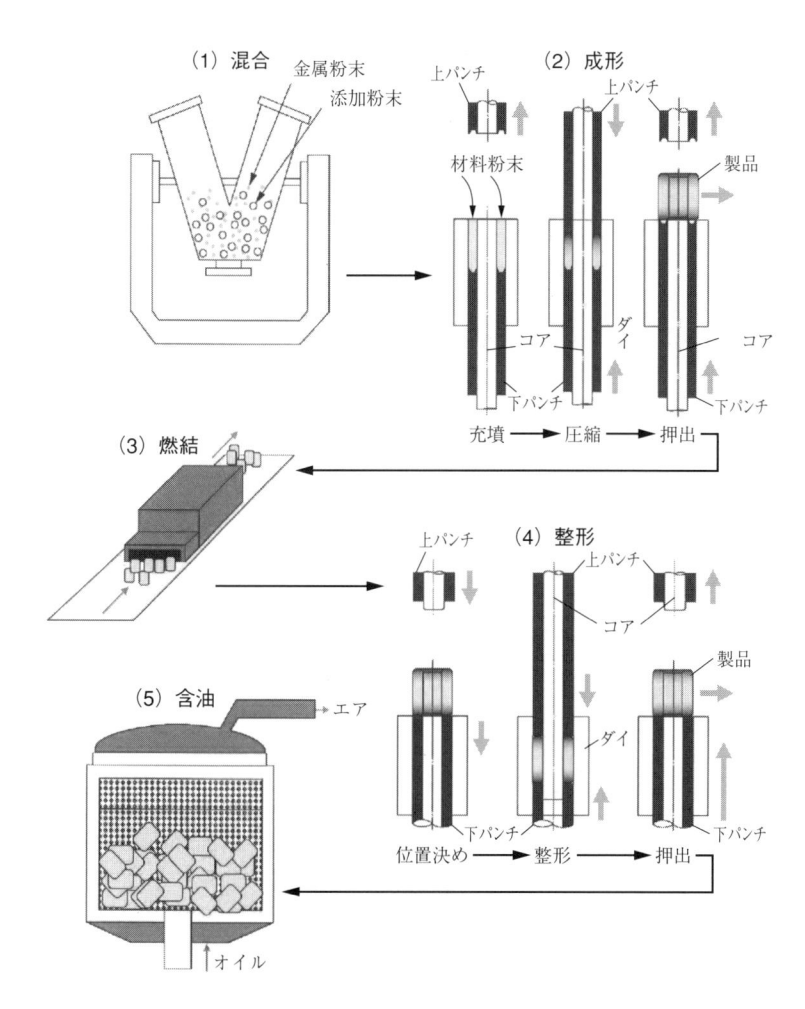

図4.3 焼結含油軸受の製造工程

## 製造工程

焼結含油軸受の製造工程（図 4.3，前頁）は，以下のようになっている。
(1) 混合（ミキシング）は，数種の金属粉末を混ぜ合せ，均一な組織にするために行い，V 型混合機やダブルコーン型混合機が用いられる。
(2) 成形（フォーミング）は，混合粉を金型に充填し成形プレスで圧縮し，圧粉体を作る。
(3) 焼結（シンター）は，成形した圧粉体を高温に加熱して融着させる。表面を酸化させない還元雰囲気中で行う。
(4) 整形（サイジング）は，焼結体を金型に入れプレスで内外径寸法を必要な精度に仕上げる。
(5) 含油は，多孔質内部全体に含油するために，減圧，加熱した油中に浸漬して行う。

## 許容荷重と速度

焼結含油軸受を使用するにあたり，面圧 $P$ と滑り速度 $V$ の積（$PV$ 値）を算出し，この $PV$ 値が摩擦熱による温度上昇に比例することから使用限界の目安となる。

$PV$ 値における軸受の温度上昇および摩擦係数は図 4.4 のようになる。温度上昇は $PV$ 値の増加とともに高くなるが，摩擦係数はある $PV$ 値までは低くな

表 4.3 一般に推奨する許容 $PV$ 値（MPa·m/min）

| 項　　　目 | 許容 $PV$ 値 |
|---|---|
| 汎用機械 | 100 |
| 家庭用電機機器 | 50 |
| 事務用電機機器 | 50 |
| 音響・摩耗制限がある場合 | 25 |
| 特に厳しい音響制限がある場合 | 20 |
| アキシアル荷重が負荷する場合 | 20 |

り，それ以上では逆に高くなる。使用限界は，一般に青銅系では$PV<100$ MPa·m/min，鉄系では150〜200 MPa·m/minとされている。一般に推奨する許容$PV$値を**表4.3**に示す。**図4.5**に，それぞれの用途における面圧$P$と滑り速度$V$の関係を示す。

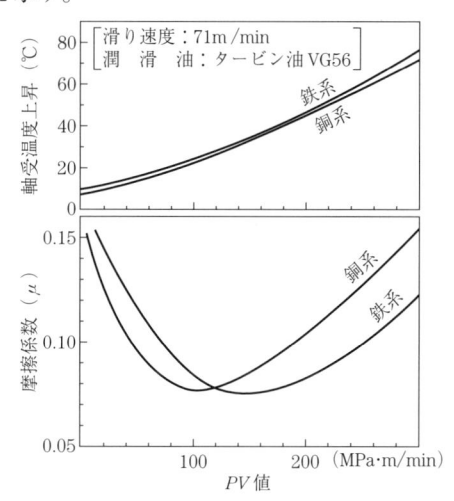

**図4.4** *PV*値と軸受温度上昇，摩擦係数の関係

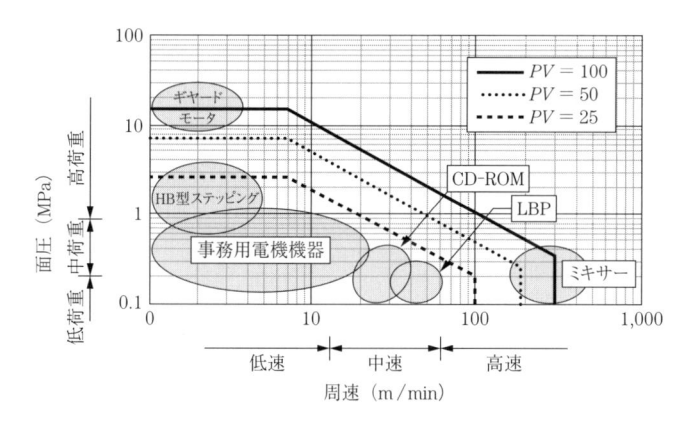

**図4.5** 周速と面圧の関係

## 4.2 樹脂滑り軸受（プラスチック軸受）

### 樹脂滑り軸受

　一般的に，滑り軸受は滑り面で軸あるいは面を受ける軸受をいう。軸受の材料は銅合金や，樹脂材料などを加工したものが挙げられるが，樹脂材料からなるものを樹脂滑り軸受という。

　樹脂滑り軸受は金属からの軽量化代替，低コスト化，設計の自由度などの理由により機械部品として広い分野で採用されている。特に，近年はIT機器分野，自動車電装補機分野などで適用例が増加している。

　また，樹脂滑り軸受の性能は使用条件（荷重，滑り速度，相手材，雰囲気温度，運動方向および潤滑の有無など）により影響を受ける。したがって，市場からの機能の要求を満足させるためには，使用に応じた材料選択，あるいは製品設計が個々に必要となる。必要に応じて材料設計から行う場合もある。

　さらに，EUの特定有害物質使用禁止（RoHS, ELV）指令など環境，人への影響がないことも必要である。以下に代表的な樹脂材料の特徴，および樹脂滑り軸受の用途例などを紹介する。

### 樹脂の長所と短所

　金属と比較して，樹脂の長所をまとめると以下のようになる。
① 軽量である（水に浮くものもある）。
② 振動や音を伝えにくい。
③ 滑りの摩擦係数が小さい。
④ 加熱を伴った塑性加工性に優れる。
⑤ 電気絶縁性に優れる。
⑥ 水に強い。酸やアルカリに耐えるものが多い。錆びない。
⑦ 射出成形できるものは設計の自由度が高い。

## 4.2 樹脂滑り軸受（プラスチック軸受）

逆に，金属と比較して樹脂の短所をまとめると次のようになる。
① 強度が小さい。
② 剛性（ヤング率）が小さい。
③ 表面硬度が小さく，傷が付きやすい。
④ 熱膨張率が大きい。
⑤ 耐熱性が低く，熱変形，熱劣化を起こしやすい。
⑥ 降伏点強さが小さく塑性変形しやすい。
⑦ 成形直後の収縮や経時的な寸法変化が大きい。

## 樹脂の分類

樹脂材料は大きく分けて，熱可塑性樹脂と熱硬化性樹脂に分けられる。

### （1） 熱可塑性樹脂

加熱すると軟化，溶融し，冷却すると固化するもので，この加熱冷却による溶融，固化を可逆的に繰返すことができる。大方は射出成形によって成形される。また，熱可塑性樹脂は結晶性樹脂と非晶性樹脂に分類できる。

① 結晶性樹脂

構成されている高分子が規則正しく配列している部位を結晶と言い，その結晶を形成することができる樹脂を結晶性樹脂と呼ぶ。代表的な材料はポリエチレン樹脂（PE），四フッ化エチレン樹脂（PTFE），ポリフェニレンサルファイド樹脂（PPS），ポリエーテルエーテルケトン樹脂（PEEK）などが挙げられる。樹脂においては，100％結晶化することはなく，材料種により20％から80％の結晶化度となる。また，その結晶化度，結晶の大きさ，配向の程度などの結晶組織は，成形加工条件など結晶生成の条件に左右される。代表的な弾性率と温度の関係は図4.6のようになり，$T_g$（ガラス転移点）は非晶質部が軟化する温度，$T_m$（融点）は結晶質部も軟化する温度と考えると理解しやすい。

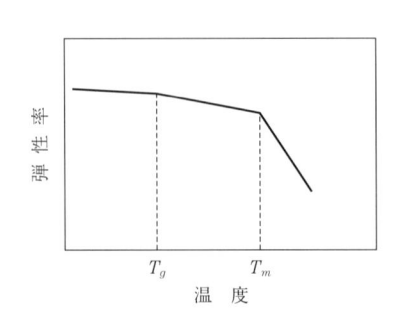

**図4.6　結晶性樹脂の温度と弾性率の関係**

② 非晶性樹脂

一方，高分子が規則正しく配列している部位を形成しないものを，非晶性樹脂と呼ぶ。代表的な材料はポリカーボネイト樹脂（PC），ポリエーテルイミド樹脂（PEI），ポリサルフォン樹脂（PSF）などが挙げられる。弾性率と温度の関係を**図4.7**に示す。結晶性樹脂よりも温度による弾性率の変化が小さいが，$T_g$（ガラス転移点）を超えると急激な低下がある。

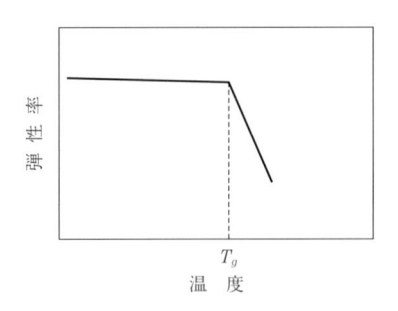

**図4.7　非晶性樹脂の温度と弾性率の関係**

### （2）熱硬化性樹脂

熱や硬化剤によって硬化するもので，硬化前は比較的低分子量物質からなり，加熱や硬化剤により化学反応を起こして硬化し，三次元網状の分子構造となる。

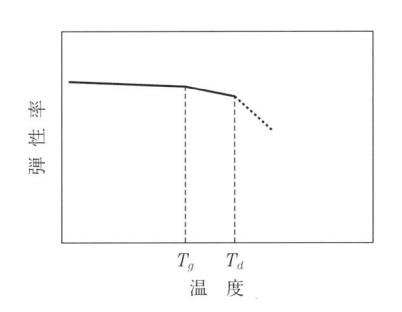

4.2 樹脂滑り軸受（プラスチック軸受）

**図 4.8　熱硬化性樹脂の温度と弾性率の関係**

したがって，熱可塑性樹脂と異なり溶融，固化は不可逆であり，一度硬化したものを溶融することはできない。

弾性率と温度の関係は**図 4.8**のようになり，熱可塑性樹脂に比べ温度による弾性率の低下は少ない。融点はないが，$T_d$（熱分解温度）以上では分解する。

## 樹脂材料の特徴（表 4.4, 150 頁）

以下に，代表的な結晶性の熱可塑性樹脂の特徴を述べる。

### （1）四フッ化エチレン樹脂（PTFE）

フライパンのコーティングに施され，その非粘着性が有名であるが，連続使用温度は 260℃ で耐熱性，耐薬品性，摩擦特性などに優れる。融点は 327℃ であるが，融点を超えた溶融時の粘度がきわめて高いため，射出成形はできない。成形方法は焼結材料と同じく，圧縮成形後に熱処理を行う。また，四フッ化エチレン樹脂のみでは耐摩耗特性が著しく悪いため，種々の充填材が配合された材料が提案されている。NTN におけるその代表的な材料がベアリー FL 材である。

### （2）ポリフェニレンサルファイド樹脂（PPS）

分子構造により架橋型，リニア型，セミリニア型があり，いずれも連続使用

温度は240℃である。架橋型は耐クリープ性に優れるが衝撃に脆く，リニア型はその逆の性質がある。一般的に剛性が高く，燃焼性，耐薬品性，電気特性に優れている。また，溶融粘度が低いため溶融流動性は良く，成形は比較的容易である。固体潤滑剤など各種配合剤により諸特性の改質が可能であり，NTNではベアリーAS材として，各仕様に応じた樹脂滑り材料に用いている。

(3) ポリエーテルエーテルケトン樹脂（PEEK）

近年，自動車部品として採用例が多くなっている材料で，耐摩耗特性，疲労特性に優れ，連続使用温度は260℃である。また，純度に優れる樹脂材料としても有名である。イオン抽出分あるいはガス発生分が低く，半導体製造設備のシリコンウェハ用洗浄トレイに用いられている。また，NTNではベアリーPK材の滑り材料として，自動車ドライブトレイン系のシールリングあるいはスラストワッシャなどにも採用されている。

(4) 熱可塑性ポリイミド樹脂（TPI）

熱可塑性ポリイミドは，結晶化処理（アニール）による結晶化度が大きくなり，熱硬化性ポリイミドとほぼ同等の性質を得ることができる。熱可塑性ポリイミドの連続使用温度は260℃であり，結晶化された繊維強化材の熱変形温度は300℃を超える。NTNではベアリーPI材として，各仕様に応じた樹脂滑り材料として用いている。

(5) ポリアミド樹脂（PA）

アミド結合により結合されたポリマーであり，一般に脂肪族骨格を含むポリアミドをナイロンと呼ぶ。これは初めて上市されたポリアミド樹脂ナイロン66のデュポン社の商標に由来している。

ポリアミド樹脂には，原料により「n-ナイロン」と「n, m-ナイロン」がある。いずれもアミド基を有するため，吸水性が高い，結晶性の樹脂である。また，優れた靭性，耐衝撃性，柔軟性をもっている。一般的にはナイロン6（融

点225℃），ナイロン66（融点265℃）が採用されている。

　また，ガラス繊維など複合材との親和性も良く，補強効果も得られる。成形性も良く，耐油性，耐熱性に優れた特性を活かし，エンジンカバー，ラジエーターカバーなどの部品にも採用されている。転がり軸受の保持器のような複雑な形状も射出成形で対応できる。また，滑り材料として，強度および破断伸び率が大きいことから，耐ざらつき摩耗特性に優れている。

　以下に，代表的な非晶性の熱可塑性樹脂の特徴を述べる。

**（6）　ポリアミドイミド樹脂（PAI）**

　連続使用温度は260℃で優れた電気特性，耐薬品性（アルカリを除く），耐放射線性を有する。射出成形は可能であるが，溶融粘度が高いため，成形は難しく金型の樹脂流路，製品形状に留意する必要がある。また，ポリアミドイミドは射出成形後の分子量が低く，熱処理（ポストキュア）によって高分子化する必要がある。高分子化により，引張強さ，伸び率などは2倍以上になる。アミド基があるため，吸水率が大きく，吸水により耐熱温度が低下するという欠点もある。グラファイトあるいはPTFEなどの固体潤滑材を配合したグレードが滑り材料として採用されている。

**（7）　ポリエーテルイミド樹脂（PEI）**

　耐熱温度は，ポリイミド，ポリアミドイミドに比べやや劣るが，連続使用温度は170℃である。優れた機械的特性，電気的特性，難燃性を有する。非晶性樹脂として，200℃付近まで安定した強度，熱膨張係数を有し，成形性が良好なこともあって，耐熱性構造材として，また環境特性（温度，湿度などによる影響）にも優れることから精密機器用としても用いられる。ただし，滑り材料としては，摩擦係数が大きく，耐摩耗性も悪い。

表 4.4 代表的な樹脂材料の特性

| 樹脂名　　　　(単位) | PTFE | PPS | PEEK | TPI | PA (66) | PAI |
|---|---|---|---|---|---|---|
| 分類 | 熱可塑性<br>(結晶性) | 熱可塑性<br>(結晶性) | 熱可塑性<br>(結晶性) | 熱可塑性<br>(結晶性) | 熱可塑性<br>(結晶性) | 熱可塑性<br>(非晶性) |
| 比重 | 2.14～2.20 | 1.34 | 1.32 | 1.33 | 1.14 | 1.41 |
| 融点　　　　(℃) | 327 | 280 | 343 | 388 | 268 | — |
| 引張強さ　　(MPa) | 20～35 | 66 | 97 | 92 | 80 | 192 |
| 伸び率　　　(%) | 200～400 | 1.5 | >60 | 90 | 100 | 15 |
| ロックウェル硬度 | — | — | R 126 | R 129 | R 119 | E 86 |
| 荷重たわみ温度 (℃) | 55 | 135 | 152 | 248 | 220 | 273 |
| 線膨張係数 ($\times 10^{-5}$cm/cm・℃) | 10 | — | 4.7 | 5.5 | 9～10 | 3.1 |
| UL 燃焼性 | V-0 | V-0 | V-0 | V-0 | V-2 | V-0 |

## 樹脂軸受の設計

樹脂滑り軸受の設計は，荷重，滑り速度，相手材，雰囲気温度，運動方向，潤滑の有無などの諸条件を明確に把握しておく必要がある。

以下に，樹脂滑り軸受の選定手順を記載する。

| 〈手順〉 | 〈確認事項〉 |
|---|---|
| ①使用条件の確認 | 使用箇所，相手材の材質，荷重，速度<br>使用温度，潤滑の有無など |
| ②軸受材の選定 | 相手材の材質，荷重，速度，使用温度<br>潤滑の有無，摩耗量の推定など |
| ③軸受形状の選定 | 使用箇所，スペース，荷重，取付け・取外し |
| ④軸受寸法の選定 | 荷重，速度，使用温度，摩耗量の推定<br>安全係数，スペース，はめあい，軸受すきま |
| ⑤取扱い方法の確認 | 取付け関係寸法，組立・分解手順 |

## (1) 滑り材料の選定

　滑り材料の選定は，使用条件に対して，材料の許容面圧や許容滑り速度から選択するべきである。材料自身の耐摩耗特性が要求されることは当然であるが，相手材を摩耗させないことも必要である。特にアルミニウム合金，真ちゅう，ステンレス鋼などの軟質材料を相手材とする際は，軟質材用の滑り材料を選択しなければならない。**表 4.5** に例としてベアリー FL 3030 と一般的なガラス繊維を配合した四フッ化エチレン樹脂複合材の試験結果を示す。

　また，候補材料から雰囲気温度，相手材，潤滑の有無の実仕様に類似の同条件での限界 $PV$ 値曲線（**図 4.9**）により仕様に合致するかを判定する。$PV$ 値は，面圧 $P$ と滑り速度 $V$ の積である。

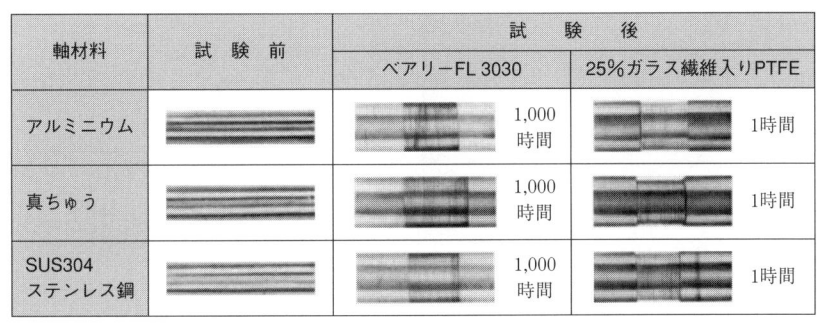

表 4.5　軟質材相手のジャーナル型摩耗試験結果（$PV$ 値：21 MPa・m/min）

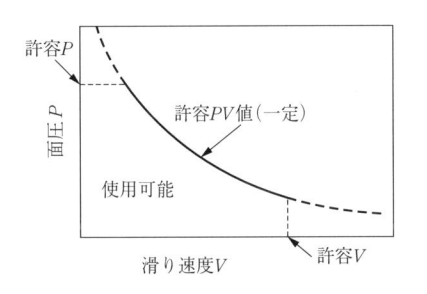

| 軸材料 | 試 験 前 | 試 験 後 ||
| --- | --- | --- | --- |
| | | ベアリー FL 3030 | 25％ガラス繊維入り PTFE |
| アルミニウム | | 1,000 時間 | 1 時間 |
| 真ちゅう | | 1,000 時間 | 1 時間 |
| SUS304<br>ステンレス鋼 | | 1,000 時間 | 1 時間 |

図 4.9　限界 $PV$ 値曲線

> **ちょっとひと休み**
>
> ## 水中で使用する滑り軸受
>
> 　水中で使用される樹脂滑り軸受の場合，相手材はステンレス鋼が多い。しかし，水中でガラス繊維入りPTFEを使用すると，ステンレスが摩耗するのではなく，樹脂側が摩耗する。これは雰囲気にも大きく影響される例として知られている。その対策としてカーボン繊維あるいは黒鉛などが配合されたPTFEが主に採用されている。
>
> 《試験条件》
> 試験機：リングオンディスク
> 面　圧：0.98MPa
> 速　度：32m/min
> 相手材：ステンレス鋼
> 時　間：50hr
>
> 雰囲気によるPTFE材の比摩耗量の比較

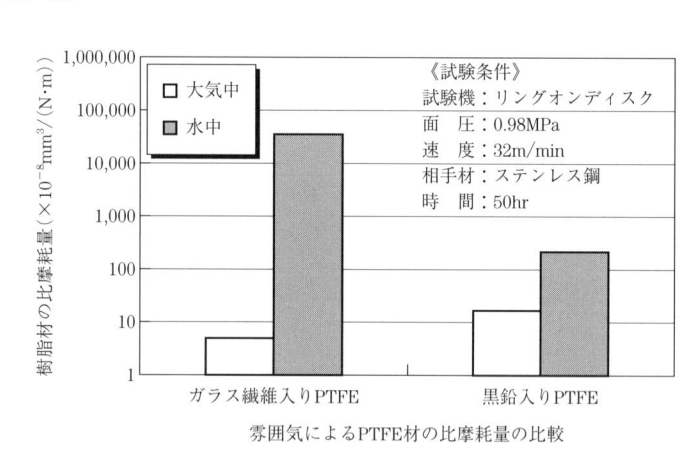

## （2）摩耗量の推定

　選択した樹脂滑り軸受の摩耗量は一般に式(4.1)によって求める。カタログなどに各材料の比摩耗量が記載されているので，時間あるいは滑り距離に対する摩耗量を概算することができる。

$$R = K \times P \times V \times T \tag{4.1}$$

　　$R$：摩耗量　（mm）
　　$K$：比摩耗量　（mm³/(N·m)）

## 4.2 樹脂滑り軸受（プラスチック軸受）

$P$：面圧　（MPa（N/mm²））
$V$：滑り速度　（m/min）
$T$：時間　（min）

樹脂滑り軸受の摩耗は，相手材の表面粗さが影響するので，$0.1 \sim 0.8 \mu m R_a$ 程度が好ましい。

### （3）はめあいと軸受すきま

樹脂滑り軸受は，ハウジングに圧入して使用される場合が多い。軸受の運転すきまは軸径によって異なるが，最小のすきまは軸径の2/1000～7/1000程度が必要である。また，使用温度の変化が大きい場合は温度上昇により軸受が膨張しすきまが小さくなるので，取付けすきまをこの量だけ大きくしておく必要がある。すきまを小さくして精度を上げる場合は，軸受をハウジングに取付けた後に旋削やリーマなどで内径を追加工する。

樹脂滑り軸受の標準品は軸受寸法表に軸およびハウジングの推奨寸法と，はめあい後の取付けすきまが記載されているが，アルミ合金，樹脂などの軟質材ハウジングや薄肉ハウジングの際には，寸法表に記載の取付けすきまより大きくなる。なお，低温で使用する場合，圧入しまりばめが緩くなることがあるので，ノックピンまたはキーを用いて回り止めを行うか，接着剤を用いて軸受を固定する。

例として，基準温度(25℃)のすきま計算を示す。

① しめしろ
　　最大：$F_H = D_H - H_L$，最小：$F_L = D_L - H_H$
② しめしろによる軸受内径収縮量
　　最大：$E_{\max} = \lambda \cdot F_H$，最小：$E_{\min} = \lambda \cdot F_L (\lambda = 1.0)$
③ 25℃取付け時の軸受内径寸法
　　最大：$d_{25H} = d_H - E_{\min}$，最小：$d_{25L} = d_L - E_{\max}$
④ 25℃取付け時の運転すきま
　　最大：$C_{\max} = d_{25H} - S_L$，最小：$C_{\min} = d_{25L} - S_H$

ここで，各記号の意味は以下の通りである。

$S_H$：軸の外径最大寸法，$S_L$：軸の外径最小寸法，$H_H$：ハウジングの内径最大寸法，$H_L$：ハウジングの内径最小寸法，$d_H$：軸受内径最大寸法，$d_L$：軸受内径最小寸法，$D_H$：軸受外径最大寸法，$D_L$：軸受外径最小寸法

## ちょっとひと休み　樹脂滑り軸受と相手軸のクリアランス

樹脂滑り軸受と相手軸のクリアランスは，樹脂材料の熱膨張係数を充分に配慮しなければならない。一般的に，樹脂材の熱膨張係数は金属に比較して約10倍である。軸受の外径側に鋼材などのハウジングなどがある場合，内径側への膨張となり，相手軸とのクリアランスがなくなり，異常摩耗する危険性がある。

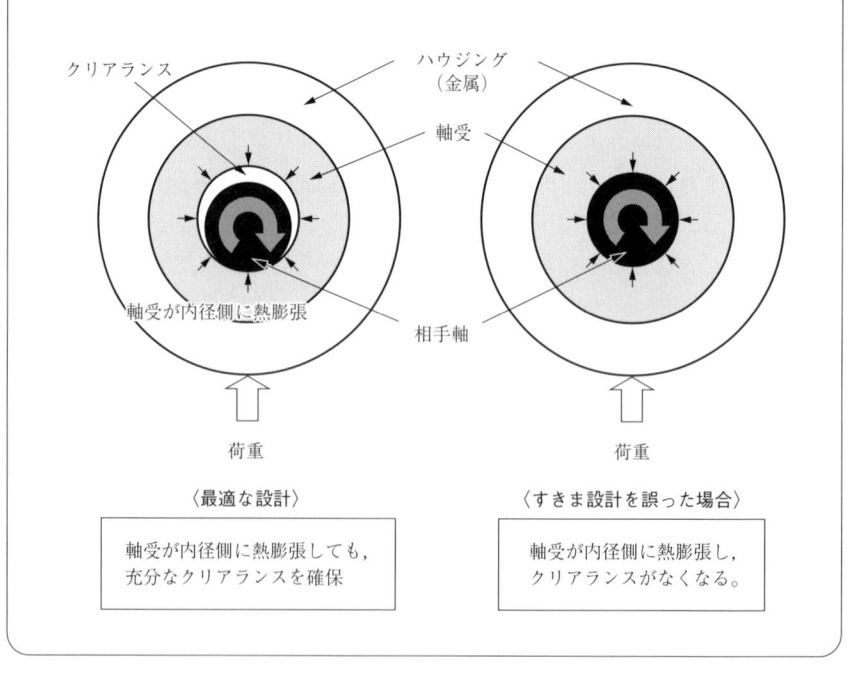

〈最適な設計〉

軸受が内径側に熱膨張しても，充分なクリアランスを確保

〈すきま設計を誤った場合〉

軸受が内径側に熱膨張し，クリアランスがなくなる。

# 4.3 流体軸受

## 静圧気体軸受

**（1） 静圧気体軸受の特徴**

　静圧気体軸受（aerostatic bearing）は，絞りを通して数 $\mu$m〜数十 $\mu$m の軸受すきまに供給される気体の圧力によって荷重を支持する流体軸受の一種である（図 4.10）。気体の流れに対する軸受すきまの抵抗と，絞りの抵抗の補償作用によって負荷に応じた圧力分布が形成され，負荷を非接触で支持することができる。潤滑流体として清浄な気体を使用して固体の接触が生じないために，潤滑油やグリースを使用する転がり軸受に比べて，次のような特徴をもっている。

　① 高精度

　固体同士が接触しないので，軸受面の局所的な形状誤差が運動誤差に反映さ

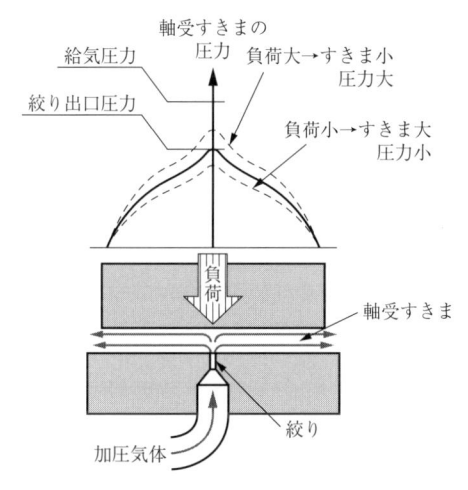

図 4.10　静圧気体軸受の原理

れにくい。また，可動部の運動によって生じる力は，軸受すきま内の気体のせん断による粘性力だけなので，摩擦が小さく，かつその変動も小さい。このため，位置や速度を高精度に制御することができる。

② 高　速

摩擦損失が小さいので，高速で運動する場合でも発熱が少ない。そのため，比較的容易に長時間連続して高速運転を行うことができる。また，発熱による装置の精度変化が小さい。

③ 清　浄

静圧気体軸受では，固体微粒子や水分，油分を取除いた清浄な気体を使用するので，ワークを潤滑剤で汚染することがない。また，クリーンルームまたはヘリウムなどの特殊な雰囲気で使用する場合でも，環境と同じ気体を軸受に使用すれば，周囲の環境を汚染しない。

④ 長寿命

静圧軸受なので，固定部と可動部の相対速度が０の場合でも流体潤滑の状態にある。正常な運転状態では，軸受面は互いに接触することがないので，摩耗は生じず，初期の性能を長期間維持できる。

⑤ 高温・低温に強い

気体は液体に比べると温度による粘度の変化がはるかに小さい。このため，広い温度範囲で安定して軸受性能を発揮することができる。

**（２）　静圧気体軸受の用途（図 4.11）**

圧縮性のある気体を潤滑剤として使用するため，剛性や減衰係数が小さく，さらに，気体の圧縮性に起因する自励振動（エアハンマー）や，過負荷によって軸受面同士が接触した場合のかじりの問題など，従来から静圧気体軸受には「扱いにくい軸受」というイメージがつきものだった。しかし，材料や設計，製造面での進歩によりこれらの欠点はかなり解消されている。

現在では半導体，液晶ディスプレイ，光学部品，情報機器関連の精密な加工装置や検査装置を中心に広く採用され，高精度または高速な運動の軸受や直動

**図 4.11　静圧気体軸受の用途**

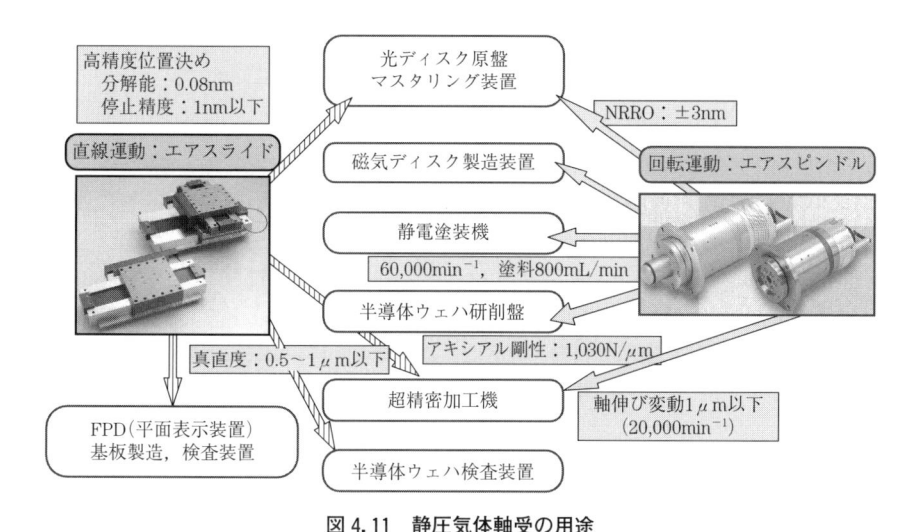

案内として，なくてはならないものになっている．変わったところでは，自動車のボディなどの塗装を行う静電塗装機にも使用されている．これは，数万 $min^{-1}$ の高速回転によって遠心力で塗料を霧化するための高速スピンドルであり，長寿命と潤滑油が塗料に混入するおそれがない点が採用の理由である．

---

**ちょっとひと休み　　真空中のエアスピンドル？**

静圧気体軸受（エアスピンドル）を真空中で使おうとしたら，何を気体として使用すればいいのかと聞かれることがある．なんと，真空中だろうが，堂々とエアを使ってスピンドルを回している．たとえば高真空（$10^{-4}$Pa；たとえば，風呂桶中に分子が数十個レベルの真空度合い）で使われる電子ビーム描画装置にも，特殊なシール構造をもつエアスピンドルが使われている．当然だが，エアが漏れたら"さあ大変"なので，エアのシールが生命線となっている．

> **ちょっとひと休み　測定が命！**
>
> 　静圧気体軸受は高精度が売りだが，それを売り物にするためには，運動誤差を測定できることが前提になる．軸が振れているのか，センサが振動しているのか，空気が変動しているだけなのか．
> 　サブミクロンからナノメートル（nm）を問題にするようになると，誰もが疑い深くなる．測定台は急速に重く，大きくなる．草木も眠る丑三つ時に測定をしたくなる．新しい計測器が開発されると，さっそく飛びついてみる．
> 　精度の向上は，たいてい新しい測定技術とペアになっている．

## （3）マスタリング装置用エアスピンドル

　静圧気体軸受を利用したエアスピンドルの典型的な例として，光ディスクの原盤にピットを高精度に露光する光ディスクマスタリング装置に使用されるエアスピンドルの構造を図 4.12 に示す．主軸は，主に半径方向の荷重を支持する2個のジャーナル軸受と，主に軸方向の荷重を支持する一組のスラスト軸受によって支持される．主軸には光学式ロータリエンコーダのスリット板と AC サーボモータのロータが直接取付けられている．以上の構成により回転部は固定部に対して完全に非接触になるので，回転に対する摩擦抵抗の変動が非常に小さく，高精度の回転制御が可能である．このように，静圧気体軸受の高精度，または高速回転可能という特徴を生かすため，カップリングやベルトなどの伝動要素を使用せず，モータやエアタービンなどの駆動機構を一体に設けるのが一般的である．

　ストレージディスク関連の用途では，特にエアスピンドルの NRRO（Non Repetitive Runout，非繰り返し振れ精度）と，回転周期のばらつきが重視される．以上のような構成のエアスピンドルでは，たとえば，数 nm の NRRO と，指令値に対して $1/10^6$ 程度の回転周期変動を実現している．

> **ちょっとひと休み　高精度の相棒——ドライバ**
>
> エアスピンドルを高精度に回転させるには，モータの制御技術も重要である。NTN では，PLL 制御（Phase Locked Loop，位相同期化制御）と正弦波リニア駆動を組合せて自社開発したドライバを使用している。

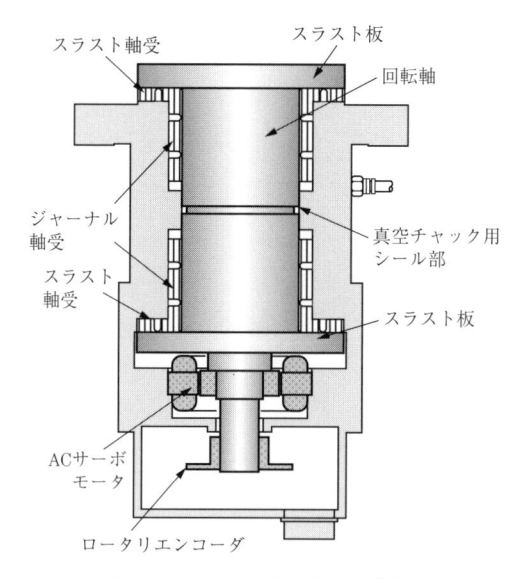

図 4.12　エアスピンドルの構成

# 動圧軸受

## （1）　動圧軸受の種類

動圧軸受（hydrodynamic bearing あるいは fluid dynamic bearing）は，「軸受を構成する 2 面の相対運動と流体の粘性によって軸受すきま内に潤滑膜圧力が発生し，それによって荷重を支持する軸受」と定義される。真円軸受，多円

弧軸受，ティルティングパッド軸受，浮動ブッシュ軸受，動圧溝付き軸受などが含まれる。

動圧軸受の軸受面の代表的な形状を**図 4.13** に示す。これらの軸受は回転軸の動的安定性や発熱量の低減など，目的とする用途によって使い分けている。**図 4.14** は動圧溝付き軸受の代表例を示したものである。動圧溝付き軸受は，軸が回転したときに動圧溝（溝深さは $\mu$m オーダー）による粘性ポンピング作用によって周囲の流体を軸受すきまに導き，より効果的に潤滑膜圧力を発生させるところに特徴がある。図 4.14(a)のように平面にスパイラル溝を設けた場合，アキシアル荷重を受ける軸受となる。一方，図 4.14(b)のように円筒面にスパイラル溝を設けるとラジアル荷重を支持する軸受となる。図 4.14(b)は，その溝形状から特にヘリングボーン[*1]溝軸受とも呼ばれる。

球面や円すい面に動圧溝を設けるとラジアル荷重とアキシアル荷重の両方を支持できる。

(a) 真円軸受　　(b) 三円弧軸受

(c) ティルティングパッド軸受　　(d) 浮動ブッシュ軸受

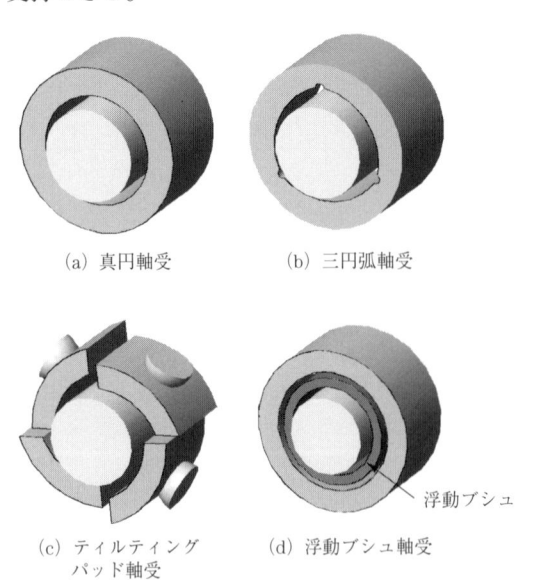

図 4.13　動圧軸受の種類

(a) スパイラル溝軸受

(b) ヘリングボーン溝軸受

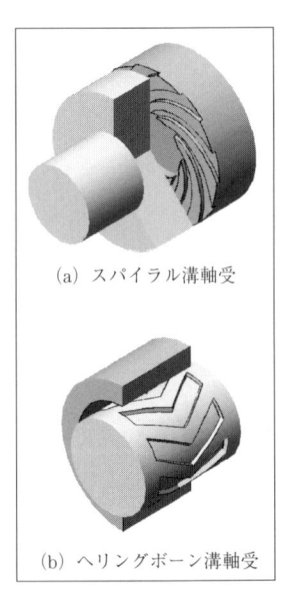

図 4.14　動圧溝付き軸受の例

一般的なジャーナル軸受では油膜の弾性係数と減衰係数には，変位および速度方向と直交する方向の力の発生を意味する連成項が存在する。これらがホワール[*2]と呼ばれる自励的な不安定振れまわり運動を生じる要因となる。真円形ジャーナル軸受は，ホワールが発生しやすいことから，多円弧軸受，ティルティングパッド軸受あるいはヘリングボーン溝軸受を採用してホワールの発生を防止している。

真円軸受では軸が偏心しないと潤滑膜圧力は発生しないが，ヘリングボーン溝軸受の場合は，偏心率が0でも回転体の周囲に高圧の潤滑膜圧力が生じ，油膜剛性が大きい。また，真円軸受のような一部の動圧軸受では油潤滑の場合，油膜に負圧が発生することで気泡が発生（キャビテーションとも呼ばれる）するが，ヘリングボーン溝軸受ではキャビテーションの発生を防ぐことができる。これらの理由でヘリングボーン溝軸受は，外乱に対する回転体の変動が少なく，NRROの小さい軸受となる。したがって，精密情報機器用の軸受として多く用いられている。

静圧軸受では外部に高圧発生装置を必要とするが，動圧軸受ではそれらを必要とせず構成部品が少ないというメリットがある。しかし，起動・停止時に軸と軸受表面が接触するため，摩耗が生じる。したがって，動圧軸受の設計の際は材料の選定や表面処理に留意しなければならない。

### (2) 動圧軸受の性能

軸受の性能は，負荷容量，摩擦モーメント，潤滑膜の弾性係数や減衰係数に

---

[*1] ヘリングボーン（herringbone）
　herringとは魚のニシン（その卵は数の子）のことで，溝の形状がニシンの骨に似ていることからその名がつけられた。
　ちなみに，herringbone gearとは，やまば歯車（一般にはdouble helical gear）のこと。

[*2] ホワール（whirl）
　回転軸が自転回転数の約1/2の回転数で振れ回る現象でhalf-frequency whirlとも呼ばれる。軸受すきま内の速度分布は圧力流れがないと三角形速度分布になる。つまり，平均流速が回転体の表面速度の1/2の速度になるため，流体の質量保存から回転軸が軸受中心まわりを1/2の速度で旋回する。

よって評価する。一般的な動圧軸受の設計チャートが流体潤滑関連の書籍や文献で紹介されており，概略の性能計算はできるようになっている。スパイラル溝軸受の解析は，溝本数が無限にあると仮定した近似式によっていたが，近年は高性能計算機の普及によって有限溝数での厳密な解を求めることが比較的容易になっている。数値解法としては潤滑面の幾何形状の自由度が大きい有限要素法や，軸受面に固定された微小領域での流量の連続の式を差分化するDF (Divergence Formulation) 法が用いられている。

**（3） 動圧軸受の用途**

動圧溝付き軸受は，ハードディスクドライブ（HDD）や複写機のスキャナモータあるいは冷却ファン用の軸受に応用されている。HDDスピンドルモータに使用された構造を**図4.15**に示す。**図4.16**は軸受スリーブの内径面に加工された動圧溝で，多孔質焼結体のスプリングバックを利用してプレス加工され

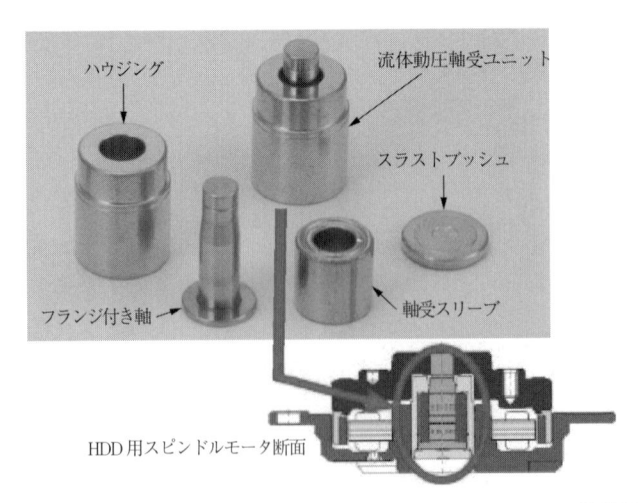

**図4.15　ハードディスクドライブ（HDD）スピンドルモータの搭載例**
{軸受スリーブ内面にヘリングボーン動圧溝，スリーブ端面およびスラストブッシュにスパイラル動圧溝が形成されている。}

図4.16 円筒形焼結含油軸受（図4.15の軸受スリーブ）の内径面にプレス加工されたヘリングボーン動圧溝

ており，低コストで，かつ耐焼付き性に優れるという特徴がある。

## 磁気軸受

　磁気軸受（magnetic bearing）とは，磁力を利用した非接触支持機構のことである。その磁力発生源として，永久磁石や電磁石などを用いた種々の構成が提案されている。磁力の持つ不安定性のため，通常は永久磁石のみによる支持機構の構成は不可能であり，流体軸受などと組合せるか，支持される物体の位置をフィードバックして，電磁石に供給する電流を制御する能動形磁気軸受の形で実用化されている。ここでは，最も実用化が進んでいる能動形磁気軸受を中心に，その真空機器への応用について紹介する。

### (1) 磁気軸受の特徴

　磁気軸受では，潤滑媒体を使用しない非接触支持が実現できる。さらに，能動形磁気軸受は位置決め制御系を構成しているため，以下のような非常にユニークな特徴をもつ。

① 高速回転—静粛で低振動

　固定部と可動部が接触しないので，騒音，振動，摩擦損失が小さく，摩耗も

発生しない。このため，高速回転を比較的容易に実現できる。最高回転速度は基本的に回転体の遠心強度と固有振動数で決まるが，$dn$ 値（軸径（mm）×回転速度（$\min^{-1}$））400 万以上が可能である。

② 潤滑媒体不要

潤滑油などを使用しないので，クリーンルームや真空中で使用する場合でも環境を汚染する心配がない。また，潤滑油の温度特性の影響がなく，高温または低温での使用に対しても容易に対応できる。

③ 耐久性，信頼性

同じ非接触軸受である流体軸受と比較すると，軸受すきまを1桁程度大きくできるので，ごみなどが軸受すきまに侵入しても，かじりなどの不具合を生じにくい。また，過負荷が発生した場合に備え，非常用の転がり軸受を備えるなどの対策が可能である。さらに，能動形磁気軸受では軸受異常や軸受に対する負荷，軸の変位などをリアルタイムで監視し，異常発生時にはモータ非常停止などの処置をとることができる。

④ 軸受特性を変更できる

制御系の調整により，特定周波数での軸受動剛性を変更することができる。また，主軸回転周波数に合せてバンドエリミネートフィルタを挿入することで，ハウジングの回転同期振動を軽減できる。

(2) 磁気軸受の構成

磁石の吸引力，もしくは反発力だけを利用して物体を定位置に保持することは本来不可能であり，位置検出手段をもつ閉ループ制御が必要になる。

回転軸を支持する磁気軸受スピンドルの場合，モータで駆動される回転軸回りの自由度を除く5自由度を，フィードバック制御によって能動的に制御する必要がある。一般的には，**図 4.17** に示すように半径方向の直交する2方向の位置制御を行うラジアル軸受を2か所，軸方向の位置決めを行うスラスト磁気軸受を1か所に設けて，5軸制御を構成する。

ラジアル磁気軸受のロータおよびステータ部は鉄損による発熱やトルク損失

4.3 流体軸受

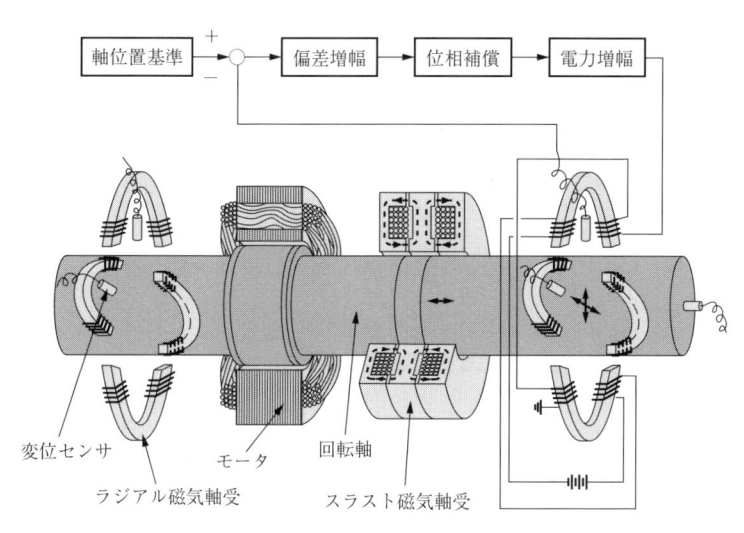

**図4.17 磁気軸受スピンドルの構成**

を軽減する目的で，積層けい素鋼板が使用される．スラスト磁気軸受は2個の電磁石がロータに固着した磁気ディスクを挟み込む構成がとられる．

> **ちょっとひと休み**　　**しょせん，軸受**
>
> 　能動形磁気軸受というと，電子制御の固まりで，ロバスト性がどうした，ゲイン余有が小さい，位相余有をもっと持たせないと，等々，機械技術者には耳慣れない言葉が飛び交う．これを，「しょせん，軸受だよ」と喝破した先輩がいる．回転体支持系としてとらえれば，軸受の知識で十分に理解できるし，開発も進められるという意味だと，筆者は勝手に解釈している．
> 　身に付いた知識は応用が利くものだ．

### (3) 磁気軸受のターボ分子ポンプへの応用

ターボ分子ポンプは，半導体製造設備などで広く使用される真空ポンプの一種で，高速回転する回転翼で気体分子をたたき出すことによって，最高 $10^{-7}$Pa 程度までの高真空を得ることができる。通常，ロータリポンプなどの補助ポンプと組合せて使用され，回転翼は真空中で高速回転することになる。

磁気軸受は，潤滑剤が不要，取付け姿勢の制限がない，メンテナンスフリー，高速回転性能および低振動性能などの利点をもち，ターボ分子ポンプ用スピンドルとして最適である。コスト面でも量産効果を活かし，現在ではターボ分子ポンプにとって代表的な軸受となっている。

図 4.18 に 5 軸制御形ターボ分子ポンプの断面図を示す。スピンドルの軸受支持は 2 個のラジアル磁気軸受と 1 個のスラスト磁気軸受で構成されている。

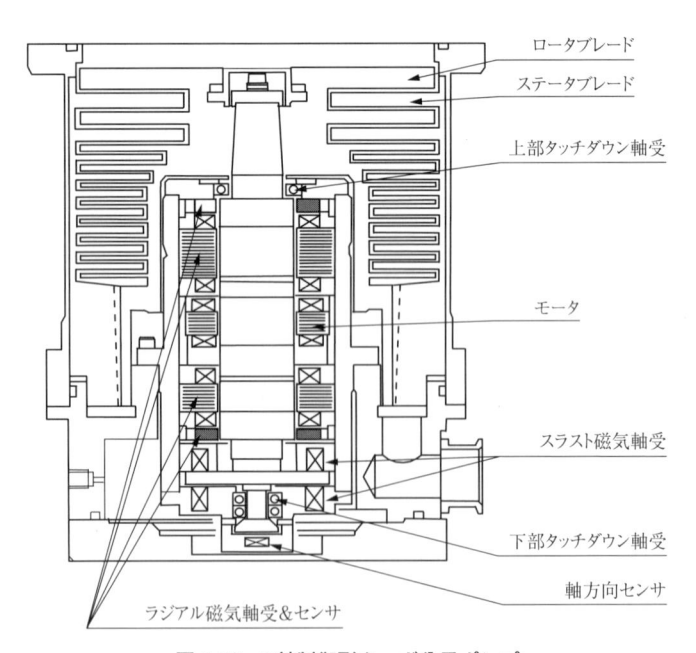

図 4.18 5 軸制御形ターボ分子ポンプ

〈保護軸受〉

　保護軸受は主軸上下端に配置され，ケーブルの断線や，真空排気システムの誤動作による大気突入時などの非常時に，安全に回転停止するまで主軸を支持する。保護軸受は固体潤滑処理を施した特殊転がり軸受であり，主軸とのすきまは磁気軸受すきまより小さく設定される。磁気軸受が正常に動作している場合は，保護軸受の内輪内径面と主軸は接触せず，保護軸受内輪は静止している。

　非常時に主軸の振れ周りが大きくなり，保護軸受内輪と接触すると，内輪は主軸外径面との間で滑りを伴いながら，主軸と同じ回転速度まで急加速され，主軸の回転が停止するまで負荷を支持する。真空中で過酷な条件でさらされるため，保護軸受の潤滑は，高度のノウハウが必要である。

---

**ちょっとひと休み　磁気軸受の将来**

　磁気軸受を今風にアピールすると，「メンテナンスフリーで，地球環境にやさしい軸受」となる。また，機械メーカーから見た場合，たとえば摩擦損失ゼロの超伝導磁気軸受をはじめとして，磁気軸受の特長である超高速回転機器用途，潤滑剤の使えない環境（真空，液体中，クリーンルームなど），摩擦損失をなくしたい計測器用途などにおけるメンテナンスフリーは，夢の軸受といえる。

　現時点の代表的磁気軸受使用例は，ターボ分子ポンプ，リニアモータカーなどであるが，将来のエネルギーの効率利用を考えると，あれにも使ってみたい，これにも……と夢がふくらむ。

　こんなに良い軸受がなぜ今まで広がらなかったのか？　一言で言うと「価格が高い」，ついでに「外乱に弱い」。世の中に完全無欠はないということだろうか。

# II

# 応用事例編

第Ⅱ部では，自動車から産業機械まであらゆる機械で活躍するベアリングについて，具体的にどのような種類のベアリングがどのように使われており，どのように機能しているのかを紹介する。

第5章では，1台の自動車に約100個も使われている各種ベアリングについて，足回りのアクスル用，トランスミッション用，スタータやカーエアコンおよびオルタネータなどの電装品，エンジンではロッカーアーム用などの適用事例を紹介する。

第6章では，産業機械用ベアリングとして鉄鋼，製紙，工作機械などから，鉄道車両，航空機およびロケットまで私たちの生活を支える各種の産業機械でベアリングがいかに活躍しているか，特徴的な事例を中心に紹介する。

注）本編中に記載されている軸受の寸法は代表例。

# 第 5 章

# 自動車用ベアリング

## 1 アクスルベアリング

### 適用軸受の特長

　自動車のアクスルは，アクスルを介して車両重量を支えるとともに駆動力を伝達する駆動輪アクスルと，車両重量を支持するだけの従動輪アクスルに分けられる。一般的に小型車の多くは前輪駆動方式であり，大型車は後輪駆動方式のものが多い。

　駆動輪アクスルの構造例を**図1**に示す。駆動輪のほとんどは図のように内輪回転タイプであり，軸受外輪が車体（ナックル）に固定され軸受内輪が回転する構造である。駆動力はCVJステムからスプラインを介してハブ輪，ホイールへ伝えられる。従動輪アクス

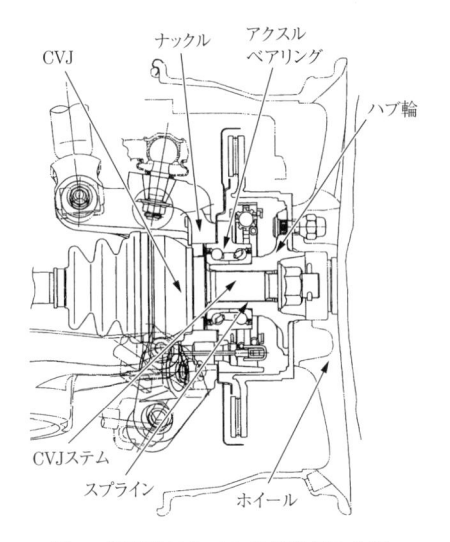

図1　駆動輪アクスルの構造例：内輪回転タイプ（後輪駆動車の後輪）
（出典：日産スカイライン新型車解説書 2001）

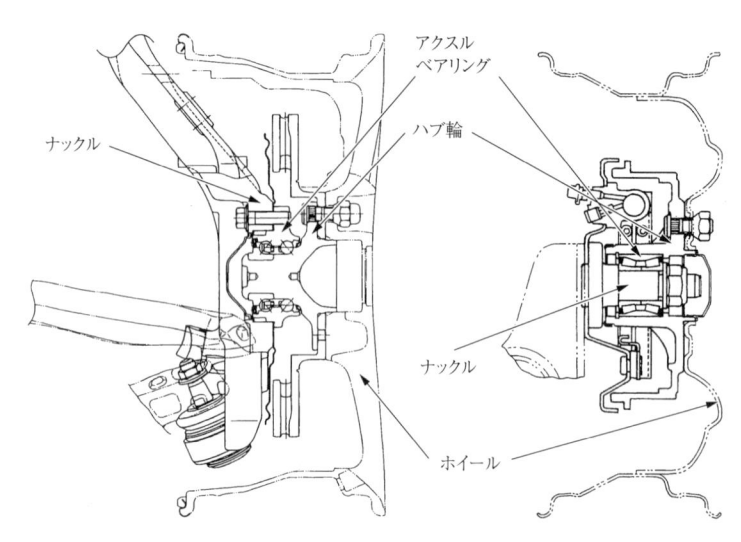

図2　従動輪用アクスルの構造
　　　例：内輪回転タイプ
　　　（後輪駆動車の前輪）
　　　（出典：日産スカイライン新型
　　　車解説書 2001）

図3　従動輪用アクスルの構造
　　　例：外輪回転タイプ
　　　（前輪駆動車の後輪）
　　　（出典：日産マーチ新型車
　　　解説書 2002）

ルの構造例を図2，図3に示す。このように従動輪については軸受外輪を車体側に固定する内輪回転タイプと，軸受内輪を車体側に固定する外輪回転タイプがある。

　なお，軸受の転動体形式については，玉と円すいころがあり，一般的に摩擦損失が少なく製造コスト面でも有利な玉のタイプが多く使用されるが，玉ではカバーしきれないような大きい負荷容量や低断面・高剛性設計を要する場合は円すいころが適用される。

## アクスルベアリングの形式例と特長

　軸受形式については70年代までは標準軸受を2個配列する設計が主流であったが，80年代に入ると複列ユニット軸受化が進められるようになった。まず，複列アンギュラ玉軸受，複列円すいころ軸受といった1世代形式が登場し，さらに，軸（ハブ輪）やハウジングと軸受軌道輪を一体化させた2世代や3世

# 1 アクスルベアリング

表1 駆動輪用アクスルベアリングの構造

優劣の順位 ○○○ > ○○ > ○

| 構造 | | | | |
|---|---|---|---|---|
| 世代 | 1世代 | 1世代 | 2世代 | 3世代 |
| 形式 | 複列アンギュラ玉軸受 | 複列円すいころ軸受 | 外輪フランジ付き複列アンギュラ玉軸受 | 内・外輪フランジ付き複列アンギュラ玉軸受 |
| ライン組立性 | ○ | ○ | ○○ | ○○○ |
| サービス性 | ○ | ○ | ○○ | ○○○ |
| 信頼性 | ○ | ○ | ○○ | ○○○ |
| 軽量・コンパクト | ○ | ○ | ○○ | ○○○ |
| モーメント剛性 | ○ | ○○ | ○ | ○○ |
| サイズ | 外径 φ60〜100 | 外径 φ60〜100 | フランジ最大径 φ90〜150 | ハブ輪フランジ径 φ130〜170 |

表2 従動輪用アクスルベアリングの構造

優劣の順位 ○○○ > ○○ > ○

| 構造 | | | | |
|---|---|---|---|---|
| 世代 | 1世代 | 1世代 | 2世代 | 3世代 |
| 形式 | 複列アンギュラ玉軸受 | 複列円すいころ軸受 | 外輪/ハブ輪フランジ付き複列アンギュラ玉軸受 | 内・外輪フランジ付き複列アンギュラ玉軸受 |
| ライン組立性 | ○ | ○ | ○○ | ○○○ |
| サービス性 | ○ | ○ | ○○ | ○○○ |
| 信頼性 | ○ | ○ | ○○ | ○○○ |
| 軽量・コンパクト | ○ | ○ | ○○ | ○○○ |
| モーメント剛性 | ○ | ○○ | ○○ | ○○ |
| サイズ | 外径 φ50〜90 | 外径 φ50〜90 | ハブ輪フランジ径 φ130〜170 | ハブ輪フランジ径 φ130〜170 |

代形式(ハブベアリング)への移行が進み現在の主流となっている。これらユニット軸受の構造と特徴を表1, 表2に,また軸受ユニットの拡大図を次頁に示す。

　これら1世代から3世代へのユニット化を進めることで,嵌合面と部品点数が削減でき,また部品の最適設計ができるようになるので,ライン組立性, サービス性,予圧調整における信頼性,剛性といった特性の優位性が増す。

第5章　自動車用ベアリング

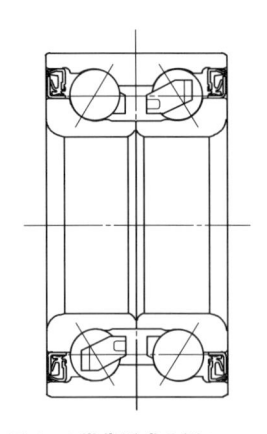

図4　1世代形式の例：
　　　複列アンギュラ玉軸受

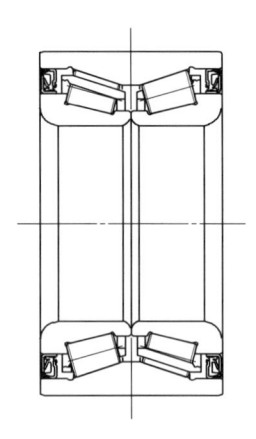

図5　1世代形式の例：
　　　複列円すいころ軸受

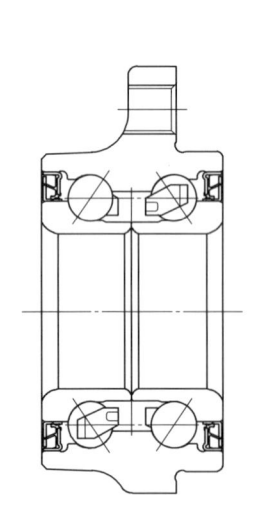

図6　2世代形式の例：
　　　外輪フランジ付き
　　　複列アンギュラ玉軸受

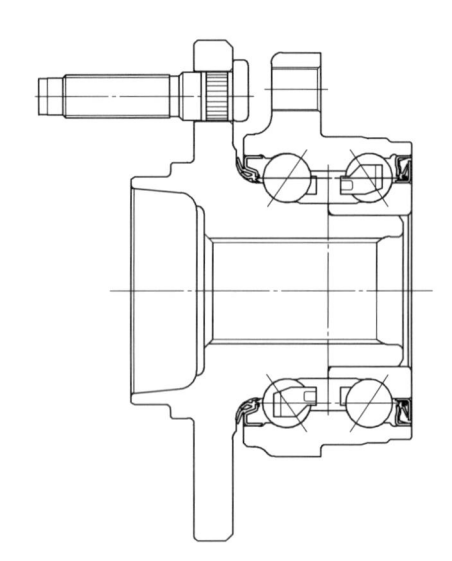

図7　3世代形式の例：
　　　内・外輪フランジ付き
　　　複列円すいころ軸受

## 2 トランスミッション，デファレンシャル

### 適用軸受の特長

- トランスミッションのタイプは手動変速式（MT），自動変速式（AT），無段変速式（CVT）がある。
- 軸支持用軸受は荷重負荷能力を考慮して，深溝玉軸受，複列アンギュラ玉軸受，円すいころ軸受，および円筒ころ軸受が使用される（軸受内径$\phi 30 \sim \phi 50$ mm）。
- トランスミッション内に変速用ギヤがあり，オイルで潤滑している。オイル中にはギヤの摩耗粉などが含まれており，これらにより軸受寿命が短くなる。この対策として特別な熱処理やシール形軸受が使用されることがある。
- 手動変速式（MT）のギヤの内径部，自動変速式（AT），および無段変速式（CVT）の遊星機構部には保持器付き針状ころが使用される。
- 自動変速式（AT）には多くのスラスト針状ころ軸受が使用される。
- デファレンシャルには小型車では深溝玉軸受，中・大型車では円すいころ軸受が使用される。

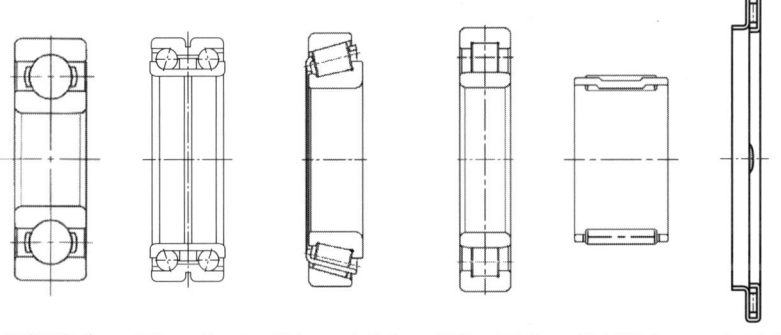

深溝玉軸受　複列アンギュラ玉軸受　円すいころ軸受　円筒ころ軸受　保持器付き針状ころ　スラスト針状ころ軸受

# 第5章 自動車用ベアリング

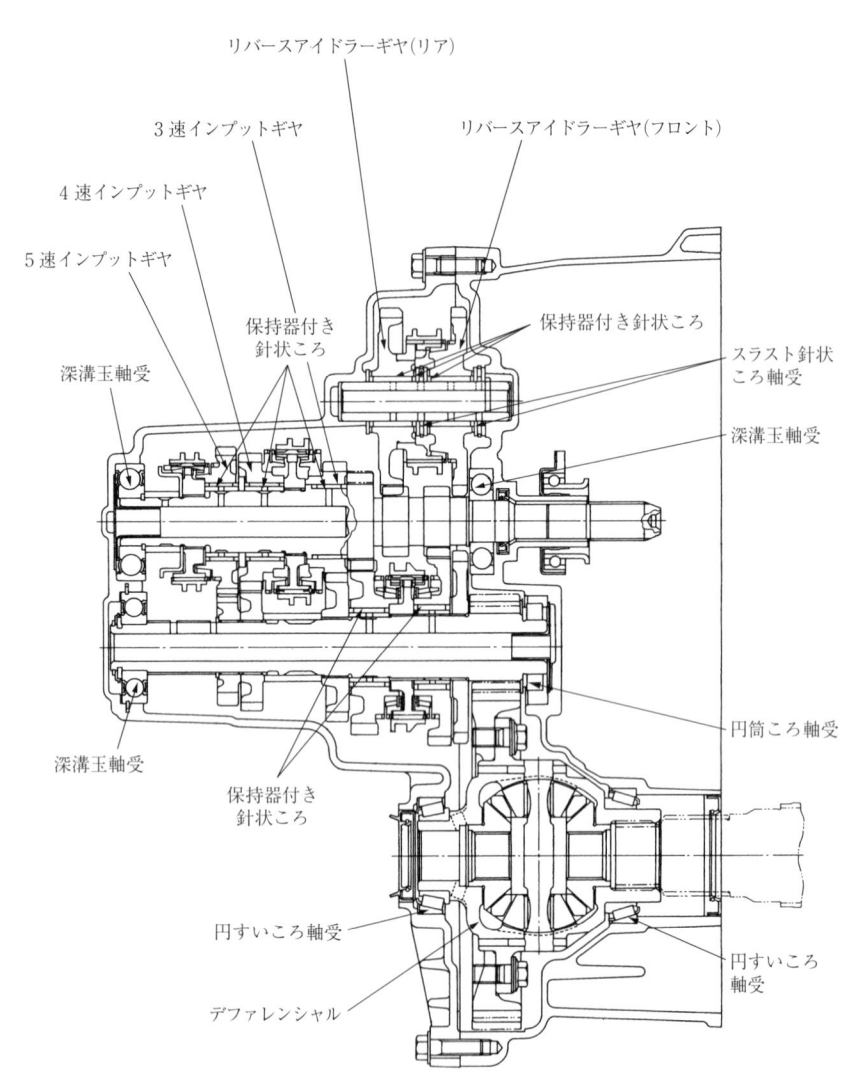

手動変速式トランスミッション（MT）
〈引用文献〉NISSAN「X-TRAIL」新型車解説書（平成12年10月）

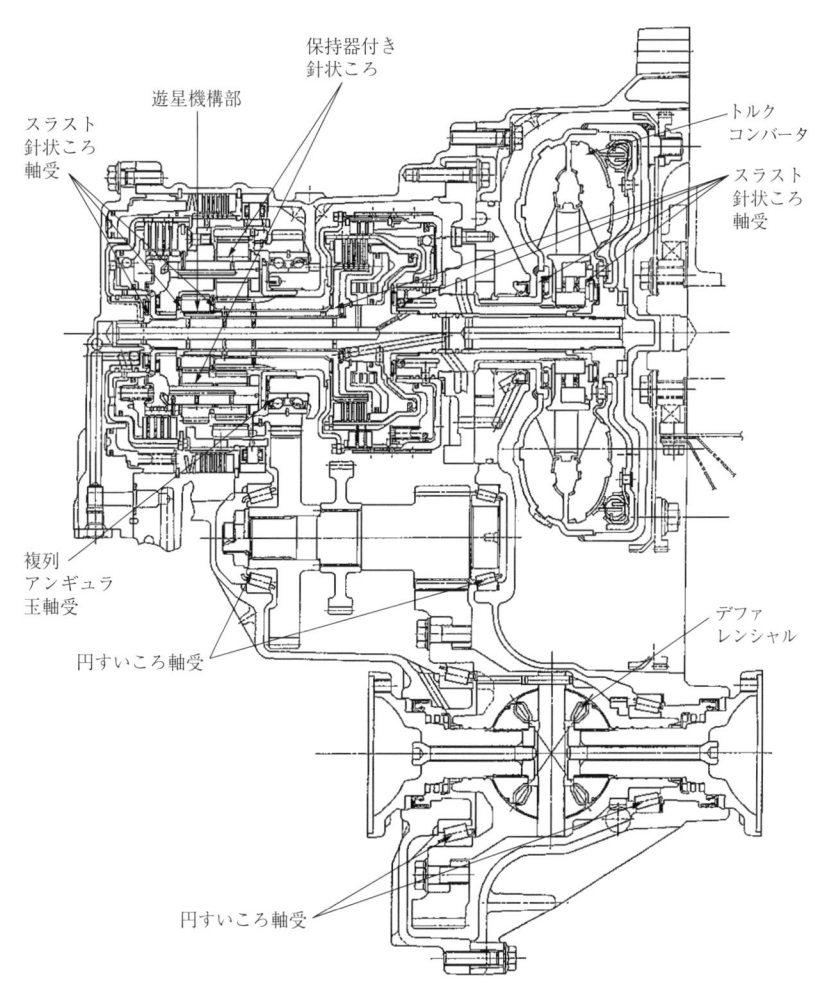

2 トランスミッション，デファレンシャル

**自動変速式トランスミッション（AT）**
〈引用文献〉Jatco Technical Review NO. 4（2003年6月）

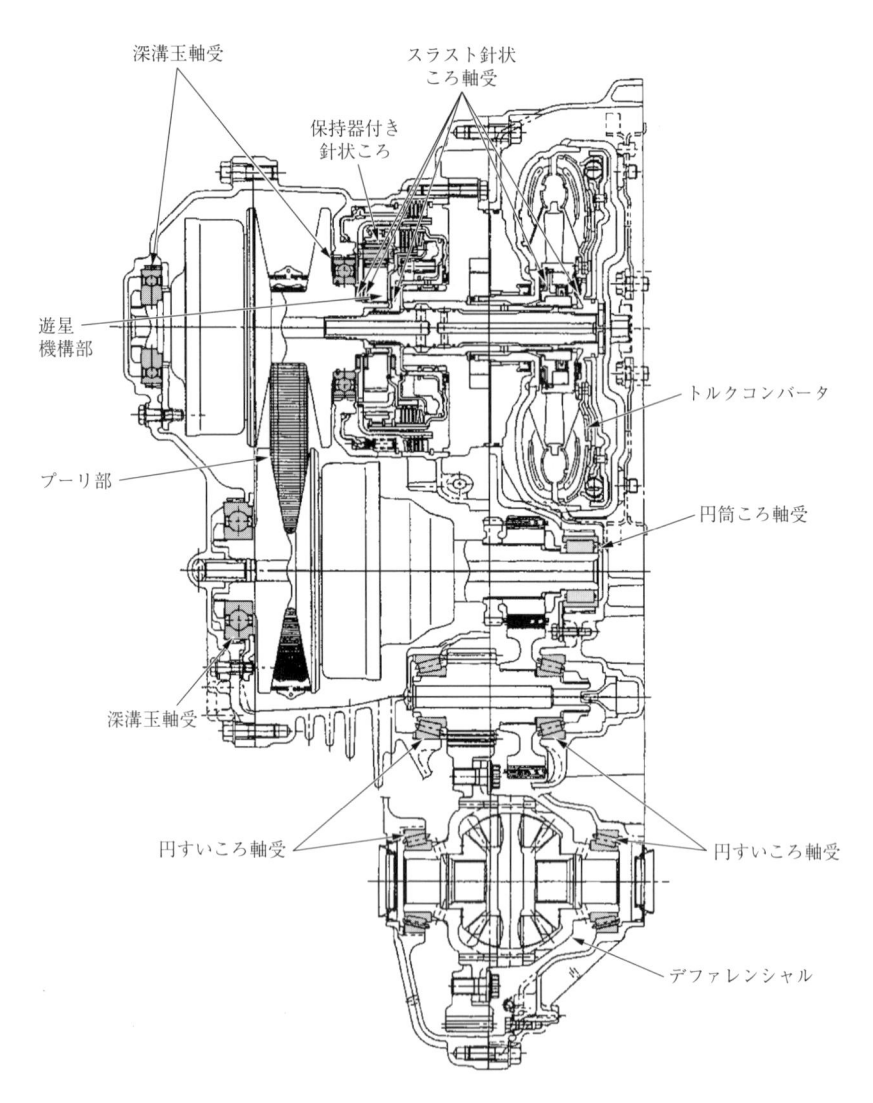

無段変速式トランスミッション（CVT）
〈引用文献〉山森隆宏，柴山尚士，雨宮泉：『オートマチックトランスミッション「構造・作動・制御」』（初版第2刷），山海堂（2006年6月）

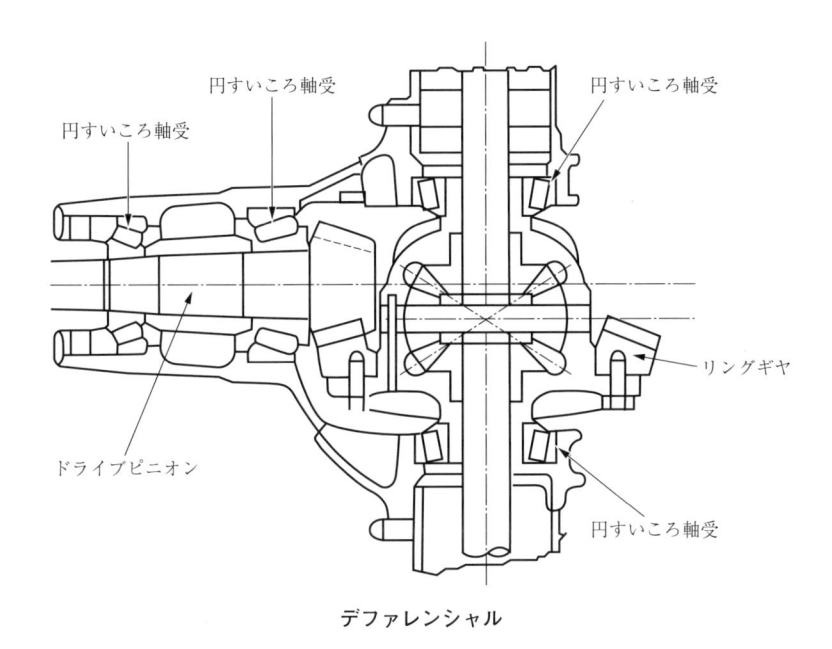

2 トランスミッション，デファレンシャル

デファレンシャル

(図のラベル: 円すいころ軸受, 円すいころ軸受, 円すいころ軸受, 円すいころ軸受, ドライブピニオン, リングギヤ)

---

**― コ ラ ム ―**

### ベアリングは見かけじゃわからない

　トランスミッションの中には，多ければ40点程度のベアリングが使用されています。ベアリングは，国際的に規格化された機械要素部品の1つです。しかし規格に沿った，似たようなベアリングでも「スパイス」の利かせ方は，各社のオリジナル。たとえば，姿かたちが同じでも特殊な材料で耐久性を向上させていたり，表面処理によって焼付き難くしていたり……と，トランスミッションのどこに使うかで，細かくチューニングしているということ。

　トランスミッションの修理でベアリングを交換するときは，要注意。人と同じで，ベアリングも見かけじゃ真価はわかりません。

## 3 ターボチャージャ

アンギュラ玉軸受

タービン側　　コンプレッサ側

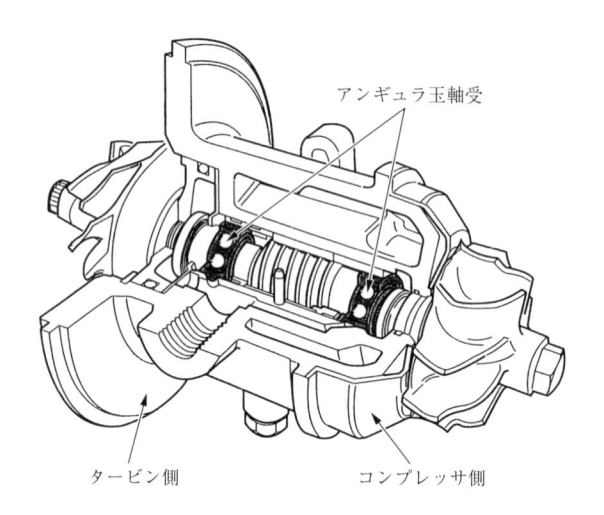

## 適用軸受の特長

- ターボチャージャは，エンジンの出力を高めるために，排気力を利用した空気圧縮機である。
- 滑り軸受が使われることが多いが，低速回転時の回転抵抗低減を目的として，玉軸受が使われることもある。
- 軸受形式は単列のアンギュラ玉軸受で，背面組合せで使用される。
- 超高速で回転するため，高精度品（JIS 4 級相当）が適用される。
- また高温にさらされるため，軸受材料は耐熱性を有した材料が適用されている。

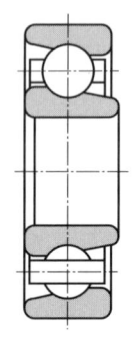

アンギュラ玉軸受
（内径 $\phi$ 8mm）

## 4 ロッカーアーム

インテークロッカーアーム
エキゾーストロッカーアームA
エキゾーストロッカーアームB
ロッカーアーム軸受

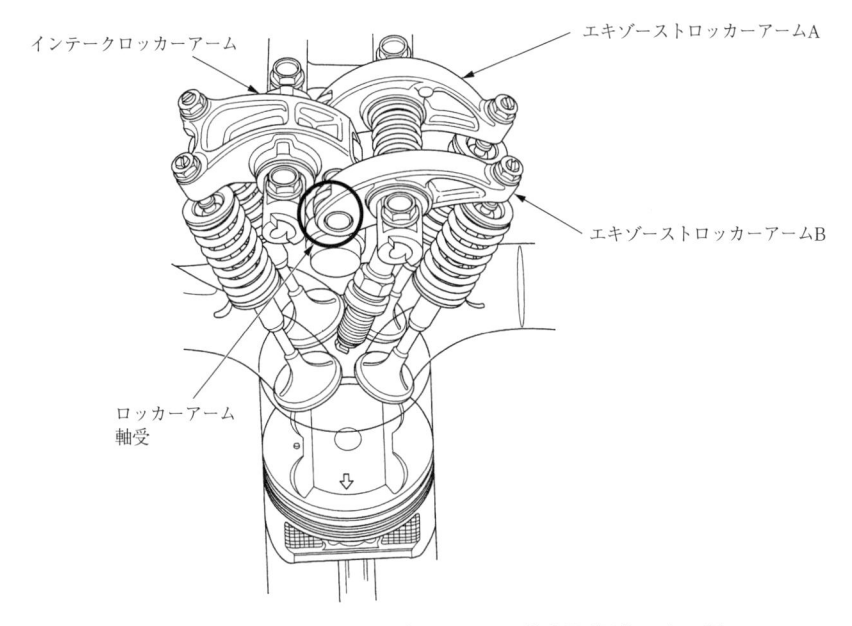

〈引用文献〉本田 ELYSION サービスマニュアル構造編（平成 16 年 5 月）

　国内外の自動車メーカーにおいて，重要な技術課題として，燃費向上につながるエンジンの低フリクション化が進められている。エンジンとして使用頻度の高い低中速領域において，動弁系のフリクションロスの占める割合が大きいことが注目されている。したがって，動弁部分を従来のスリッパ方式（滑り）に対し，ロッカーアーム軸受を用いたローラ方式（転がり）に変更することで，燃費向上，性能向上を目指している。

## ロッカーアーム軸受の特長

　ロッカーアーム軸受は，エンジンのカム軸と接触して回転する。カム軸の面粗さは通常接触する軸受より粗く，軸受の外輪外径面にピーリングを発生させる場合がある。その対策としてNTNでは，外輪に特殊な表面処理（HL加工）を施して，油膜形成能力を高めた仕様としている。

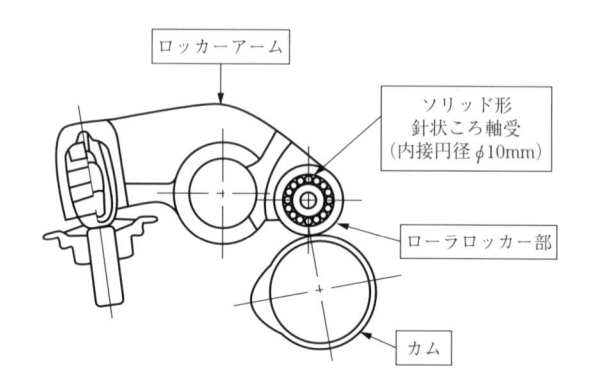

ロッカーアーム
ソリッド形
針状ころ軸受
（内接円径 φ10mm）
ローラロッカー部
カム

― コ ラ ム ―

### ロッカーアームの小形化

　近年，燃費向上を目的としての軽量化や加工工程削減によるコストダウンの面から，ロッカーアームの材料は，現行主流である鉄からアルミへ移行しつつあります。

　鉄からアルミへの置き換えは，せん断強度で劣るアルミ材を用いて鉄と同じ強度を保つために，バルブスプリングの荷重を負荷するアーム部分の肉厚を鉄に比べ太くする必要があります。しかし，全体の大きさは変えることができないため，軸受は小形化（長寿命化）が求められています。NTNでは表面改質などの長寿命化技術（FA処理など）を開発し，その要求に応えています。

5 タイミングベルト用プーリ

## 5 タイミングベルト用プーリ

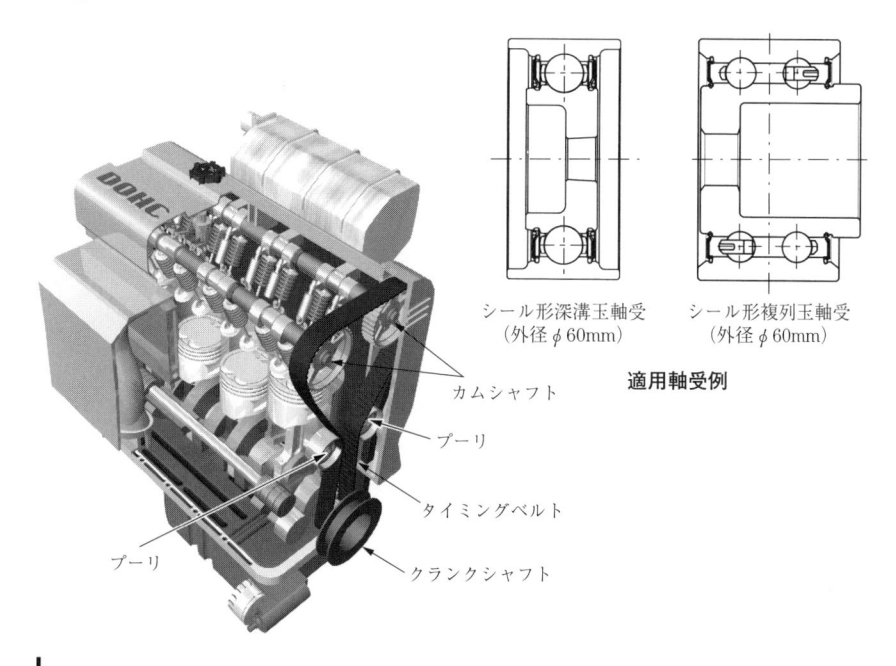

シール形深溝玉軸受
（外径 φ60mm）

シール形複列玉軸受
（外径 φ60mm）

適用軸受例

カムシャフト
プーリ
タイミングベルト
プーリ
クランクシャフト

## 適用軸受の特長

- タイミングベルトはクランクシャフトの回転をカムシャフトに伝える。
- プーリはベルトに適切な張力と，適切な巻き角を与えるため使用する。
- 軸受形式はシール形玉軸受が使用される。
- 通常，単列深溝玉軸受が使用されるが，軸受の傾きを抑える場合には複列玉軸受が使用される場合がある。
- タイミングベルトカバーに覆われて熱がこもりやすいため，耐熱性を考慮したシールとグリースが適用されている。

## 6 スタータ

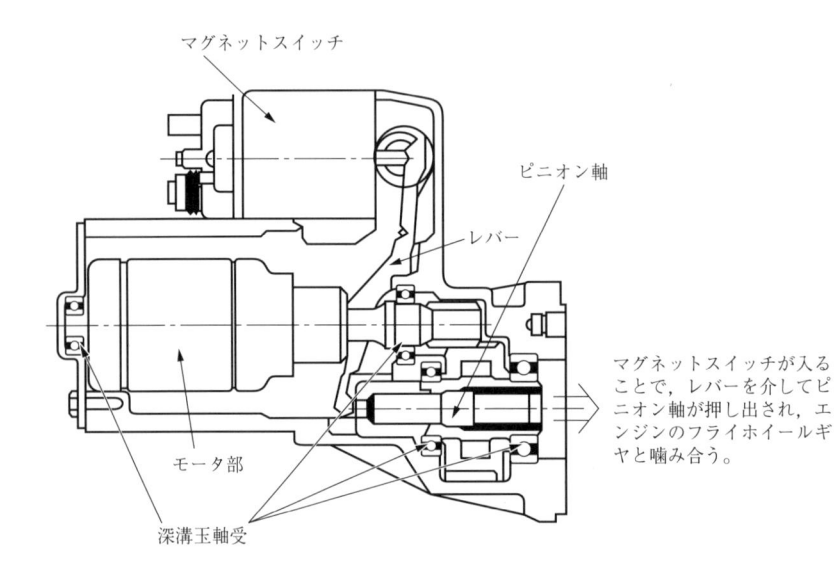

図中ラベル:
- マグネットスイッチ
- ピニオン軸
- レバー
- モータ部
- 深溝玉軸受

マグネットスイッチが入ることで，レバーを介してピニオン軸が押し出され，エンジンのフライホイールギヤと噛み合う。

## 適用軸受の特長

- スタータは，エンジンを始動させるための直流電動機である。
- 軸受形式は主に深溝玉軸受が使用される。
- 断面高さの制約上，比較的薄肉タイプが使用される。
- 潤滑はグリースで行われ，シール形が使用される。

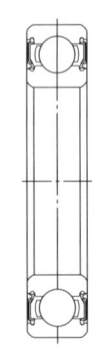

シール形深溝玉軸受
(内径 $\phi 8 \sim 17$ mm)

適用軸受例

# 7 オルタネータ

図中ラベル:
- クーリングファン
- ロータコイル
- ステータ
- スリップリング（ブラシ）
- プーリ
- シール形深溝玉軸受
- ロータ
- スナップリング
- 膨張補正深溝玉軸受
- 樹脂バンド
- シール形深溝玉軸受（内径 $\phi$ 17mm）
- 膨張補正深溝玉軸受（内径 $\phi$ 8mm）

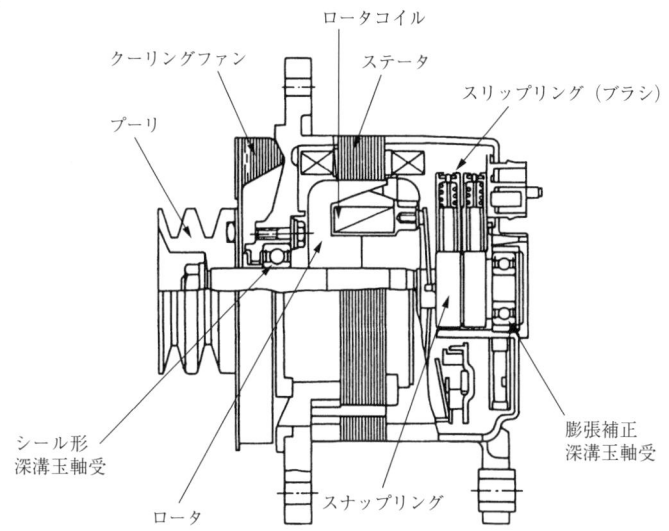

## 適用軸受の特長

- オルタネータは，自動車が持つ多くの電気機器への電力供給を行う装置である。
- 高速で運転されることから，転がり抵抗の小さい玉軸受が使用される。
- 防塵性，耐水性の点から，接触形シールが使用されている。
- 高温で使用されるため，耐熱性に優れたグリースが使用される。
- ハウジングが軽合金の場合，線膨張係数の差によりプーリと反対側の軸受の外輪にクリープが発生しやすい。クリープの防止策として外輪の外径に樹脂バンドを成形した膨張補正軸受を使用することがある。

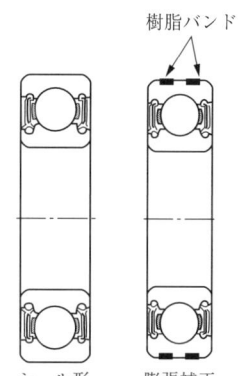

## 8 カーエアコン

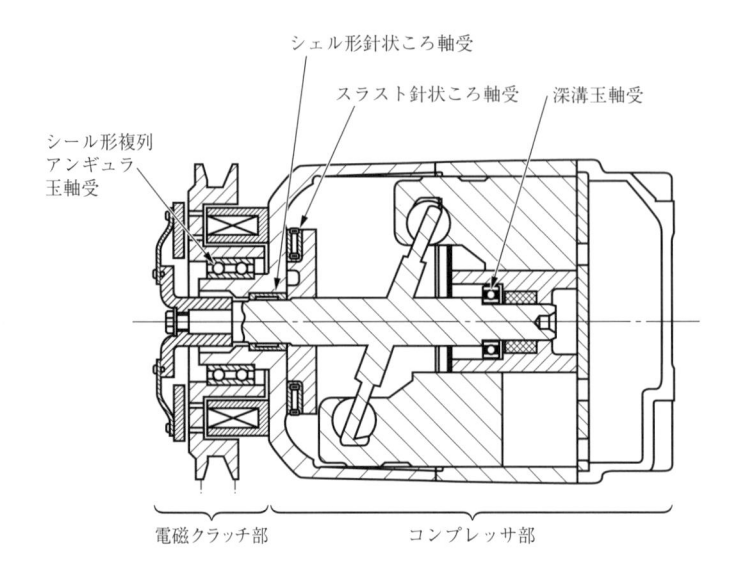

図中ラベル:
- シール形複列アンギュラ玉軸受
- シェル形針状ころ軸受
- スラスト針状ころ軸受
- 深溝玉軸受
- 電磁クラッチ部
- コンプレッサ部

## 適用軸受の特長

- カーエアコンは，車室内の温度や湿度を調整する装置で，電磁クラッチ部とコンプレッサ部で構成される。
- コンプレッサ部：針状ころ軸受や深溝玉軸受が使用される。
- 電磁クラッチ部：コンパクト性，傾き（角振れ）小および組立作業性の点から，シール形複列アンギュラ玉軸受が使用されている。
- 軸受材質は，高温下で使用されるため寸法安定化を図っている。
- グリースは特に高温寿命，防錆性能および耐グリース漏れに適した銘柄を選定している。
- シールは，耐水性に優れた特殊設計仕様を使用している。

| シール形<br>複列アンギュラ玉軸受<br>（内径 φ 35mm） | シェル形<br>針状ころ軸受<br>（内径 φ 15mm） | スラスト<br>針状ころ軸受<br>（内径 φ 50mm） | 深溝玉軸受<br>（内径 φ 10mm） |

電磁クラッチ部　　　　　　　　コンプレッサ部
適用軸受例　　　　　　　　　　適用軸受例

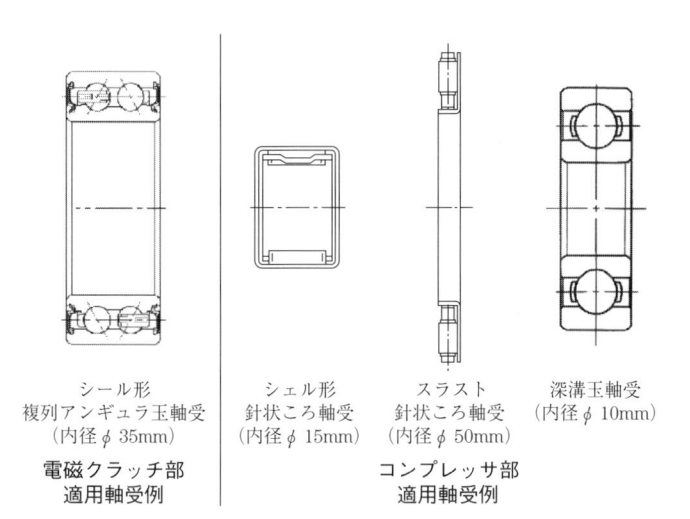

---

### コ ラ ム

### ベアリングは地球環境にやさしい商品

　最近では地球環境の保護が大きな問題となっていますが，ベアリングはエネルギーの節約に大いに貢献しています。なぜなら回転部分の摩擦を大きく低減させることにより，力やエネルギーの消費を低減するからです。

　たとえば，自動車には100個ものベアリングが使われていますが，もしベアリングが使われていなかったとすると，年に50万キロリットルものエネルギーが余分に必要になるといわれています。この量はドラム缶で積み上げると富士山の約600倍となり，また縦につなげていくと沖縄から北海道までの長さとなるほどの大きな量です。

## 9 ABS ポンプ

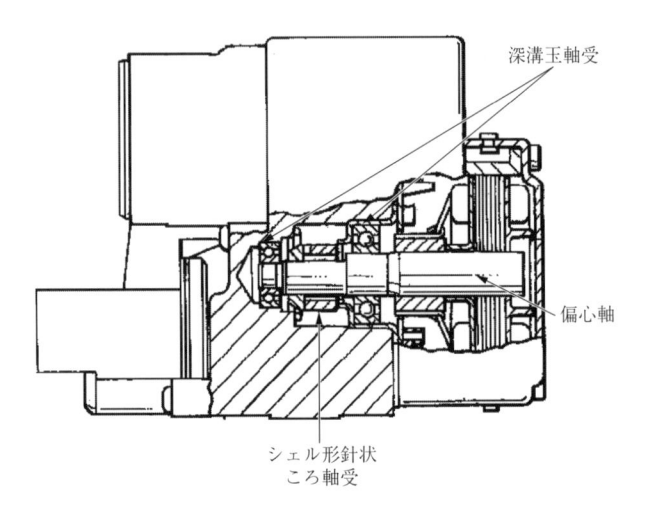

深溝玉軸受

偏心軸

シェル形針状ころ軸受

### 適用軸受の特長

- 車輪と路面の間でスリップが発生しないように，ブレーキの油圧をコントロールする電動式ポンプである。
- 軸支持部には主にシール形深溝玉軸受が使用される。
- 偏心軸部にはシェル形針状ころ軸受が使用され，偏心軸によりピストンを動かし油圧を発生させる。

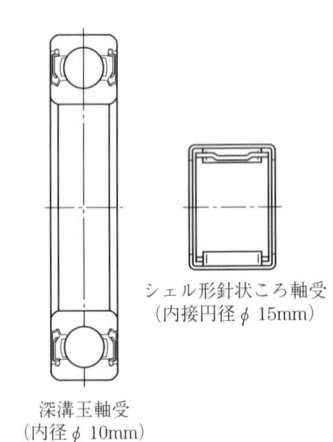

シェル形針状ころ軸受
（内接円径 $\phi$ 15mm）

深溝玉軸受
（内径 $\phi$ 10mm）

適用軸受例

# 10 2輪エンジン

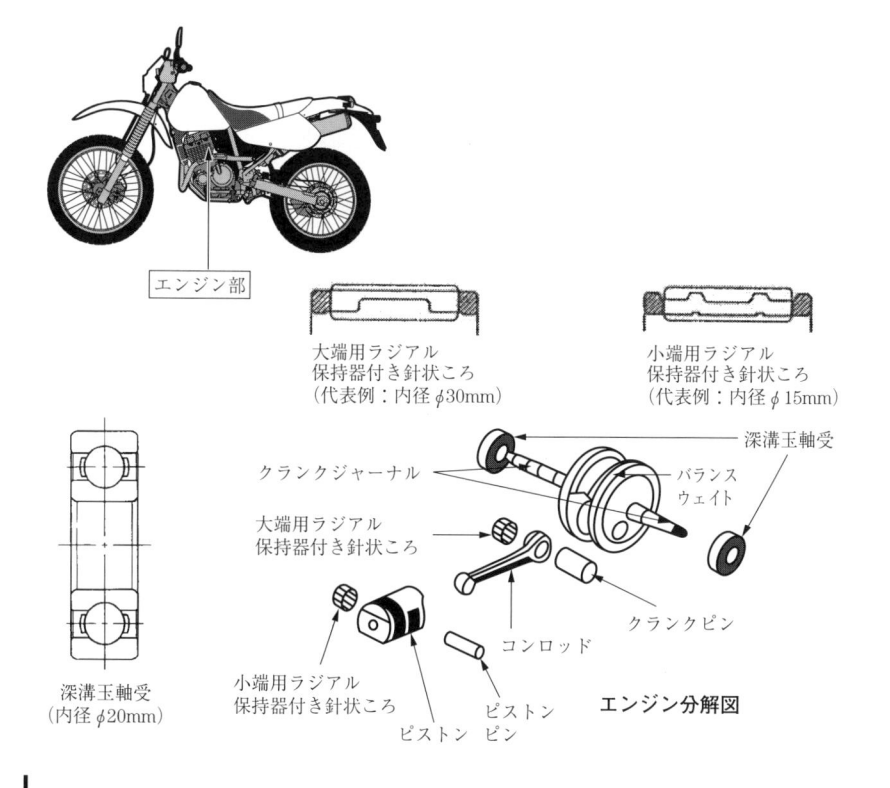

エンジン部

大端用ラジアル
保持器付き針状ころ
（代表例：内径φ30mm）

小端用ラジアル
保持器付き針状ころ
（代表例：内径φ15mm）

深溝玉軸受
（内径φ20mm）

クランクジャーナル
大端用ラジアル
保持器付き針状ころ
小端用ラジアル
保持器付き針状ころ
ピストン
ピン
コンロッド
バランス
ウェイト
深溝玉軸受
クランクピン

エンジン分解図

## 適用軸受の特長

　クランク軸支持軸受には深溝玉軸受が使用されるが，エンジンの爆発力が変動荷重となって作用するため，耐久性が重視される。そこで必要に応じて特別な材料熱処理を適用して長寿命化を図っている。

　2輪車用エンジンのコンロッドには，保持器付き針状ころが使用され，大端部は高速クランク運動，また小端部は高速揺動運動を行い，どちらとも潤滑条

件の厳しい環境で使用される。

　コンロッド大端用軸受の特徴としては，コンロッド内径面との接触を考慮して，保持器の外径面に，なじみ特性に優れためっき（銅，銀）が施されている。

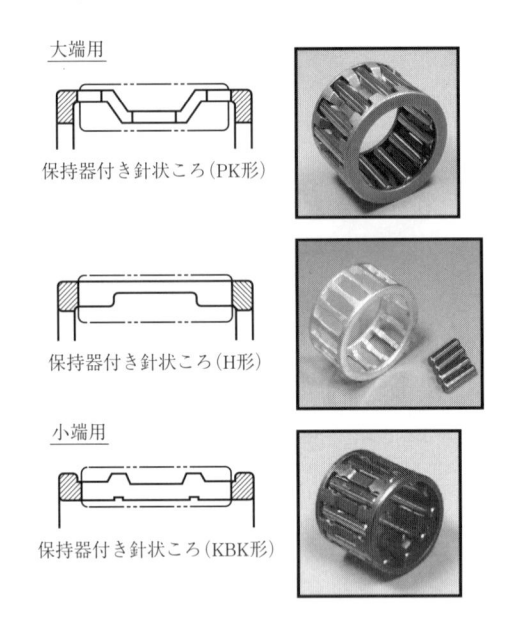

大端用
保持器付き針状ころ（PK形）

保持器付き針状ころ（H形）

小端用
保持器付き針状ころ（KBK形）

― コラム ―

### めっきの歴史

　コンロッド大端用ニードル軸受（保持器）の表面には，銅あるいは銀めっきを施しています。日常よく目にする「めっき」ですがその歴史は古く，日本では奈良の大仏が特に有名です。金を水銀に溶かしたもの（アマルガム）を大仏に塗り，その後加熱をして水銀のみを蒸発させることで金を付着させる当時の最新めっき技術は中国より仏教文化と共に伝わったといわれています。さらに古くはメソポタミア文明やエジプト文明の発掘品からめっき装飾品が発見されており，現代の私たちの日常まで続く「めっき」は，非常に歴史が長く，無くてはならない技術の1つです。

# 第6章

# 産業機械用ベアリング

## 1 鉄鋼（ロールネック）

### 適用軸受の特長

　鋼板は，船，橋梁および建築などに用いられる厚板と，自動車，家電製品および缶などに使われる薄板に大別される。厚板の場合は熱したスラブを粗圧延

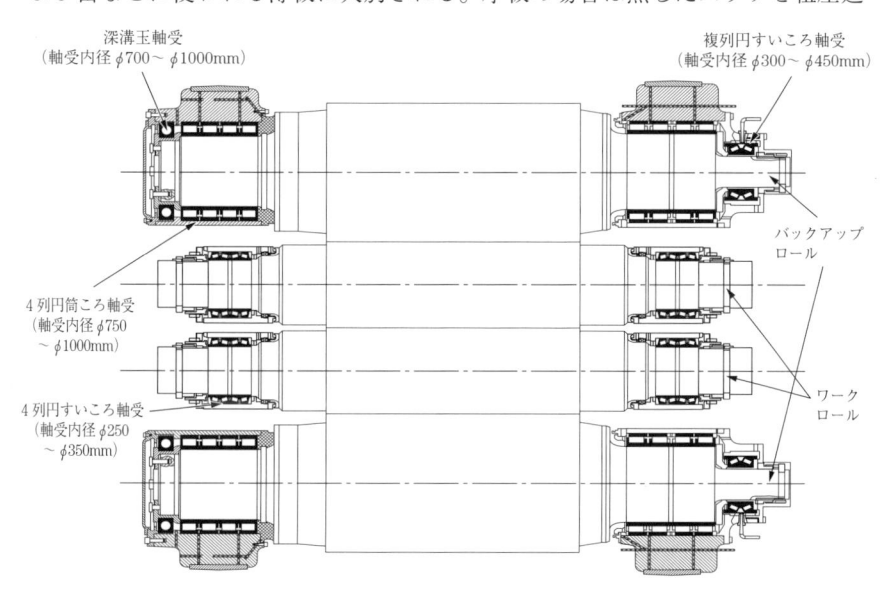

深溝玉軸受
（軸受内径 φ700～φ1000mm）

複列円すいころ軸受
（軸受内径 φ300～φ450mm）

バックアップ
ロール

4列円筒ころ軸受
（軸受内径 φ750
～φ1000mm）

ワーク
ロール

4列円すいころ軸受
（軸受内径 φ250
～φ350mm）

四段冷間圧延機の断面図

## 第6章 産業機械用ベアリング

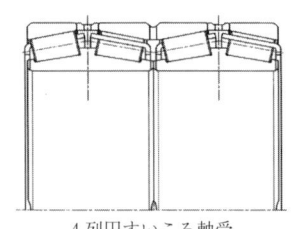

4列円すいころ軸受

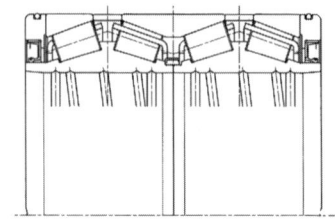

密封型4列円すいころ軸受

機にかけ，一定の厚みまで薄くしてから，仕上げ圧延機の間を何度も往復させて目的の厚みに伸ばしていく。薄板の場合は，複数の粗圧延機と仕上げ圧延機を一直線上に並べ，素材を一方向に1回だけ走らせて，スラブ（鋼片）を2〜3 mm 程度の板の帯に押し伸ばし，終点で，巨大なトイレットペーパーのようなコイルに巻き取る。この設備が熱間圧延機である。

さらに熱間圧延でできた薄板を再結晶を生じない温度範囲で，再度圧延機のロール間を通して圧延することを冷間圧延といい，板厚の寸法ばらつきを少なくし，薄く美しい鋼板に仕上げる。この設備が冷間圧延機である。鉄鋼圧延機のWR（ワークロール）用軸受には圧延荷重は作用しないが，軸のベンディング力が作用する。4列円すいころ軸受を使用することが多い。この場合，軸と軸受はルーズフィットであり，内輪にかじり，軸の摩耗対策を施している。

材料は浸炭鋼（肌焼き鋼に浸炭熱処理をしたもの）を用いている。

ロール冷却のための水が軸受内部に浸入するため，置きさび対策として，りん酸マンガン塩処理を施すことがある。

## 2 鉄鋼（転炉トラニオン）

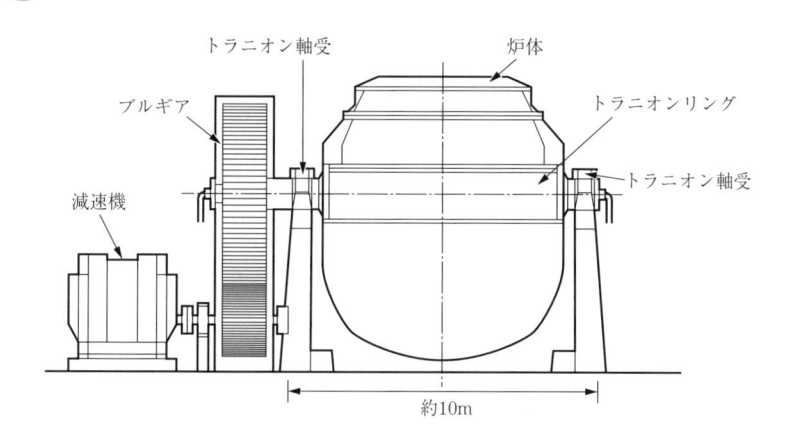

（図：トラニオン軸受，炉体，ブルギア，トラニオンリング，トラニオン軸受，減速機，約10m）

## 適用軸受の特長

　高炉で作られた銑鉄は，不純物を除去する必要があるため，転炉で精錬される。転炉トラニオン用軸受には，自由側，固定側共に負荷容量が大きく，大径（たとえば300トンクラスの転炉では軸受内径 $\phi 800$ mm 程度）の自動調心ころ軸受が使用されているが，その使用条件・環境の特殊性（荷重条件が厳しく，軸たわみが大きいこと）から，一般の軸受とは異なった設計としている。たとえば，許容調心角や内・外輪軌道面の曲率を設備仕様，荷重条件に応じて設計している。また，軸受の主要寸法（内径，外径，幅）も一般系列とは異なったものが多い。特に炉体とブルギアに挟まれた固定側軸受については，二つ割り軸受を使用することで軸受取替え時間が大幅に短縮され，一体形軸受と比較して取替え時間が1/10になる。

# 第6章 産業機械用ベアリング

自動調心ころ軸受　　　二つ割り自動調心ころ軸受

---

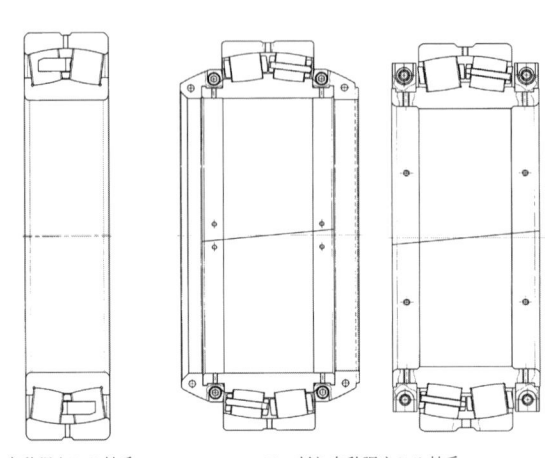

**コラム**

### 高炉メーカーと電炉メーカーの違い

　高炉メーカーは高炉を有するメーカーです。高炉は，外部を鋼板製の鉄皮で覆い，内部を耐火レンガで内張りした円筒状の溶鉱炉です。背の高い炉の上部から焼結鉱，ペレット，鉄鉱石，コークス，石灰石を投入して銑鉄を生産し，以後製鋼，圧延工程を経て多種多様の鉄鋼製品の大量生産を行うことができます。

　電炉メーカーは，鉄くずを主原料とし，電気炉で溶融して製鋼を行います。電気炉で特殊鋼を生産するメーカーは特殊鋼メーカーと呼ばれ，ベアリングに使用する軸受鋼は特殊鋼メーカーで生産されています。

〈参考文献〉鋼材倶楽部編：鉄鋼の実際知識（第6版），東洋経済新報社（1991）

## 3 鉄鋼（テンションレベラーロール）

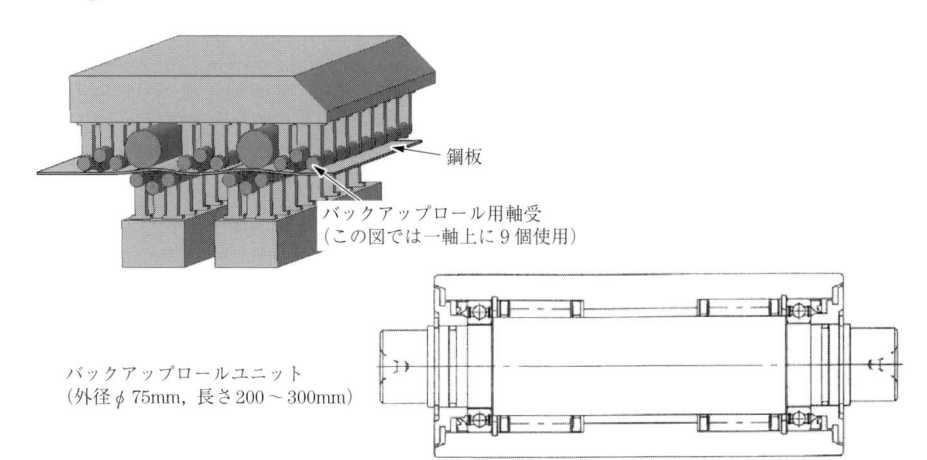

鋼板

バックアップロール用軸受
（この図では一軸上に9個使用）

バックアップロールユニット
（外径 $\phi$ 75mm, 長さ 200〜300mm）

## 適用軸受の特長

　テンションレベラーとは，圧延後の鋼板の形状不良を矯正する装置である。鋼板をロールの間に通すことにより矯正を行う。テンションレベラーにはさまざまなロールが設置されているが，最も大きな荷重が作用し，交換やメンテナンス期間も長く，他ロールの位置決めの基となっているロールが，バックアップロールユニットである。

　バックアップロールユニットは，洗浄液などの浸入を防ぐため，接触ゴムシール＋ラビリンスシールなどの信頼性の高いシール構造を採用している。また，バックアップロールユニットは，高いシール性能を有しながらワークロールもしくは中間ロールとの接触による摩擦力だけで従動し，スリップしない。そのために，低トルク性も必要である。さらに，1列に配置されている数個のバックアップロールユニットの断面高さの相互差を抑え，負荷の均一性を保つとともに，中間ロールやワークロールを介して鋼板の仕上りに影響するロール外径の形状・面粗度・硬度を適切な仕様にすることが必要である。

## 4 製紙機械（ドライヤ）

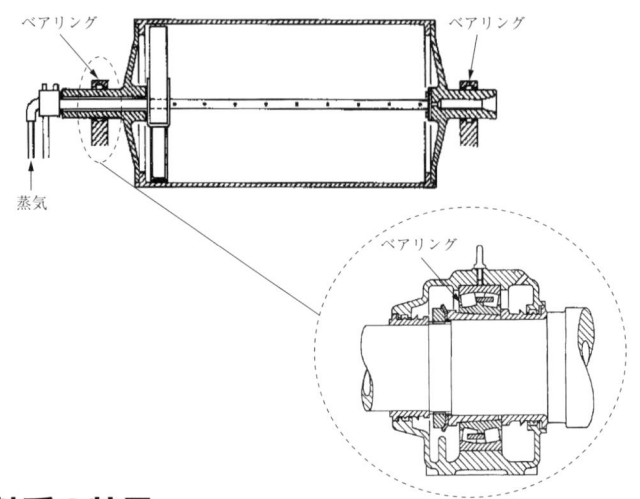

### 適用軸受の特長

　紙を作る工程には，調成された原料を紙に抄きあげる抄紙工程があり，その工程内にドライヤパートがある．脱水（プレスパート）までの工程では水分量が50%程度あり，これを乾燥により8%程度まで乾燥させるのがドライヤパートである．抄紙工程では，紙の幅が10 m近くに達するものもあり，ロールのたわみを吸収するために自動調心ころ軸受（内径$\phi$120〜300 mm）が一般的に用いられている．

　このドライヤパートは，中空の鋼鉄シリンダの内部に170℃程度の蒸気を送り，加熱したシリンダに紙を密着させることで乾燥させている．したがって，軸受も高温になることから，耐熱処理を施した材料が用いられている．また，軸が高温となり，熱膨張することから運転中の軸受内輪とのはめあいが大きくなるため，割れ強度に優れた浸炭鋼（肌焼き鋼に浸炭熱処理をしたもの）を用いている．

# 5 鉄道車両

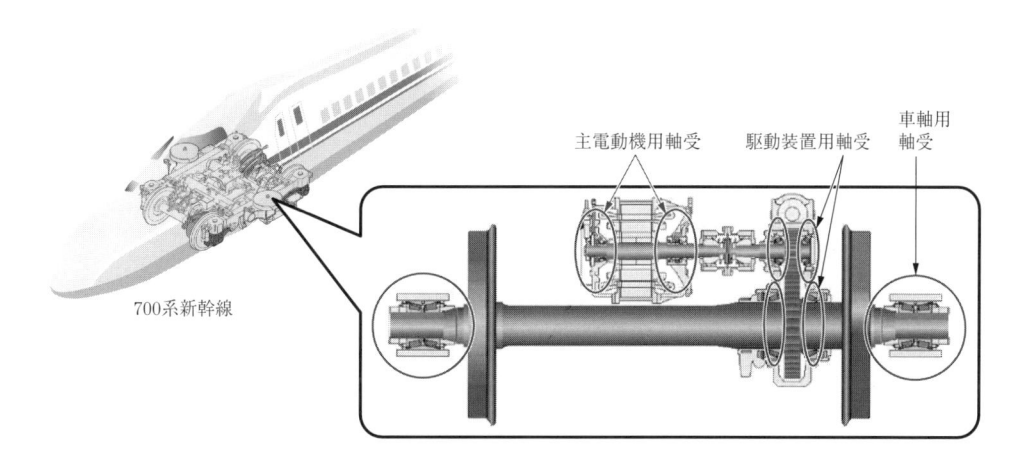

700系新幹線

主電動機用軸受　駆動装置用軸受　車軸用軸受

　鉄道車両用軸受は多くの人命にかかわるため，軸受の中でも最も信頼性，耐久性が求められる軸受の1つで，設計，製造，検査に特別の配慮がなされている。

## 車軸用軸受の特長

- 径方向が小さく幅の広い形式の軸受が用いられる。
- 軸受の種類は，円すいころ軸受，円筒ころ軸受，深溝玉軸受が用いられる

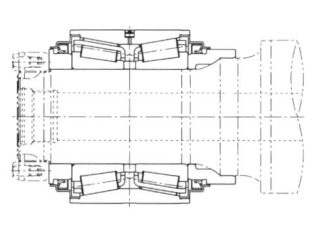

車軸用軸受
(新幹線内径 $\phi$ 120mm)

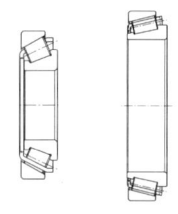

駆動装置用軸受
(ピニオン側内径 $\phi$ 70mm,
ギヤ側内径 $\phi$ 195mm)

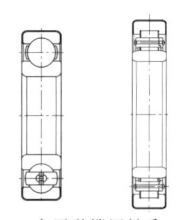

主電動機用軸受
(深溝玉軸受内径 $\phi$ 55mm,
円筒ころ軸受内径 $\phi$ 70mm)

が，現在は円すいころ軸受，円筒ころ軸受が主流である。

## 駆動装置用軸受の特長

- ピニオン軸受，ギヤ軸受ともに円すいころ軸受が正面組合せで用いられている。
- 車輪からの振動，衝撃を受けやすく，加えて歯車によるはねかけ潤滑であることから，使用環境が厳しく，保持器強度ならびにつば部の耐焼付き性に配慮した仕様となっている。

## 主電動機用軸受の特長

- 反ピニオン（自由）側にNU形円筒ころ軸受，ピニオン（固定）側に深溝玉軸受が用いられる。
- VVVF制御（可変電圧可変周波数制御）の電動機の普及により，高速時の回転数がグリース潤滑における一般的な回転数を超えることから，軸受内部のグリース保持機能を考慮した仕様としている。
- 電食防止のため，外輪外径面および幅面に絶縁皮膜（セラミック溶射または樹脂皮膜）を施した絶縁軸受を適用している。

― コ ラ ム ―

### 耐久性，安全性が求められる鉄道車両用軸受

鉄道は約200年前にイギリスで生まれ，Rail-Way（アメリカ：Rail-Road）と呼ばれています。名前の通り，「レールの上を車輪で走行する旅客および貨物の輸送設備」で，蒸気機関車，ディーゼル機関車，電気機関車，電車，モノレール，リニアモータカーなどが属し，多種多様な軸受が使用されています。

近年，環境への関心からエネルギー消費率の小さい高速大量輸送手段としての電車が再評価される傾向にあります。鉄道車両用軸受は多くの乗客の人命にかかわるため，軸受の中で最も耐久性，安全性が求められるものの1つで，軸受仕様選定，製造，検査には特別の配慮がなされており，各国で独自の規格が定められているとともに，航空宇宙分野と同様に車両の高速ならびに安全面で国をあげての競争が続いています。

## 6 航空機（エンジン）

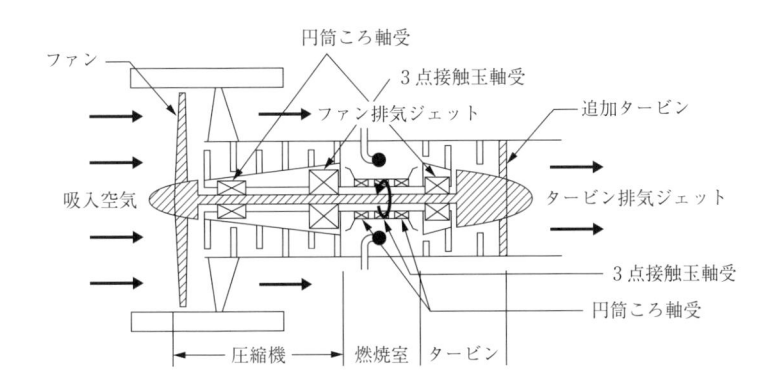

図中ラベル：
- ファン
- 円筒ころ軸受
- 3点接触玉軸受
- ファン排気ジェット
- 追加タービン
- 吸入空気
- タービン排気ジェット
- 3点接触玉軸受
- 円筒ころ軸受
- 圧縮機
- 燃焼室
- タービン

## ジェットエンジン用軸受の特長

- 円筒ころ軸受と3点接触玉軸受でジェットエンジン主軸を支持する。
- 円筒ころ軸受は径方向荷重を，3点接触玉軸受は主に軸方向荷重を支える。
- 近年の主流である2軸ターボファン・エンジンの場合，最前部のファンおよび最後部の追加タービンを支える低速軸系とコンプレッサおよびタービン・ブレードを支える高速軸系の2つの回転軸について，それぞれ2つの円筒ころ軸受と1つの3点接触玉軸受で支持する。
- 特に，高速軸系の軸受は高速・高温（$dn$ 値 $2.4 \times 10^6$，300℃以上）条件

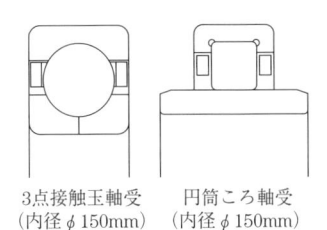

3点接触玉軸受
（内径 $\phi$ 150mm）

円筒ころ軸受
（内径 $\phi$ 150mm）

ジェットエンジン用軸受の形式

3点接触玉軸受 　　　円筒ころ軸受

ジェットエンジン用軸受の例

下で作動するため，材料・表面処理は特殊仕様が適用される。
- 高い信頼性が要求されるため，全数非破壊検査が実施され，原材料製造から軸受完成までのトレーサビリティが確保されている。

## ジェットエンジン用円筒ころ軸受の特長

- ジェットエンジンの作動／停止による主軸の長さ方向の膨張／収縮を吸収するため，内輪は外輪より幅広である。

## ジェットエンジン用3点接触玉軸受の特長

- ジェットエンジンに発生する軸方向荷重が逆転した場合でも対応できる。
- 大きな軸方向荷重を支え，かつ転がり疲労寿命を確保するため，内輪を2つに分割し，組込む玉の数を最大限にできる。

---

**コラム**

### 神風号で優秀性を立証

　昭和12年，朝日新聞社が純国産飛行機"神風号"による亜欧連絡飛行を行い，東京—ロンドン間92時間17分56秒の世界記録を打ちたてました。

　この神風号の発動機ならびに機体には，NTN（当時の東洋ベアリング）の製品が採用されていました。この神風号の画期的な成功は，同時にNTNベアリングの優秀性を立証し，以後航空機用ベアリングにおいて，業界最大の地盤を築く契機となりました。

# 7　ロケット（ターボポンプ）

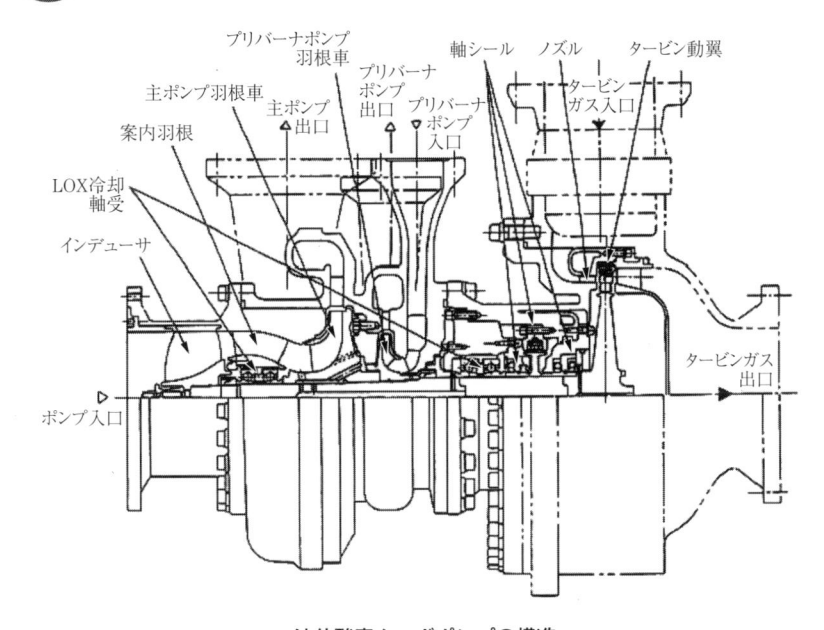

液体酸素ターボポンプの構造
（出典：日本複合材料学会誌 Vol. 20, No. 6, 1994,
ロケットエンジンターボポンプ用軸受の保持器複合材の潤滑特性）

## ロケットエンジン・ターボポンプ用軸受の特長

　ターボポンプはロケットエンジンの上部に配置され，ロケット本体内の燃料タンクから燃料を導入，燃料器に大量・高圧の燃料を送る役割を担っている。

　たとえば，2トンの重さの人工衛星を打上げるには500トン以上のロケット推力を得る必要があり，そのためにはエンジン燃焼室に毎秒ドラム缶2本半分の燃料を送りこむ必要がある。

　したがって，ターボポンプは毎分43,000回転の超高速で回転している。

- 径方向および軸方向荷重を支持するため，アンギュラ玉軸受（内径 $\phi 25 \sim \phi 45$ mm）が適用される。
- 軸受に負荷される荷重に応じて，2つあるいは4つの軸受が適用される。
- 主軸の回転剛性を確保するため，定圧予圧の DB あるいは DTBT セットの組合せが適用される。
- 使用条件（極低温－253℃）より潤滑剤が使用できないことから，発錆対策として内外輪，ボールの材料はマルテンサイト系ステンレス鋼が適用されている。

ターボポンプ用軸受の例

## ターボポンプ用アンギュラ玉軸受の特長

- 高速（$dn$ 値 $2.0 \times 10^6$）・複合荷重条件下で生じる玉の進み遅れによる保持器の過大応力を抑制するため，保持器ポケット穴を長円形状としている。
- 液体水素（－253℃）と液体酸素（－183℃）中でも優れた潤滑性を発揮する四フッ化エチレン樹脂（PTFE）をガラス織布で強化した複合材料で形成した保持器を採用し，ポケット面から PTFE を玉と軌道面に移着させ，潤滑性を確保している。

---

**コラム**

### ロケットの中は「燃料でいっぱい？」

轟音と共に飛び立つロケット……壮観ですよね。

人工衛星を地球周回軌道に乗せるためには，秒速 7.9 km の速度が必要です。ロケットをその速度に到達させるために，たとえば H-ⅡA ロケットの1段目エンジン LE-7A の推力は約 1,100 kN という巨大なパワーを発揮します。これはジャンボジェット機のエンジン4基分に相当します。

そして，その巨大なパワーを得るために約 248 トンの燃料を積んでいます。ロケット全体の質量が 285 トンですので，ロケット質量のうち約 87% は燃料で占められています。ですから，ロケットの中は「燃料でいっぱい！」なのです。

# 8 風力発電機

ロータ主軸受　ギアボックス（増速機）
発電機

風力発電プラント

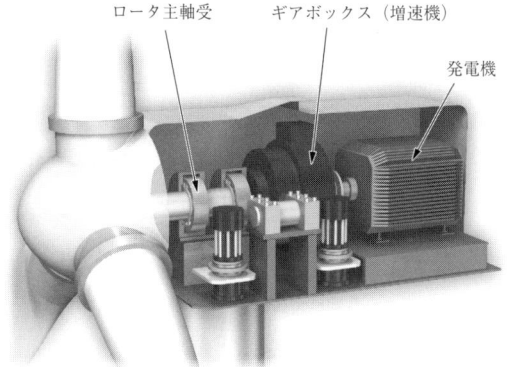

ナセル断面

## 適用軸受の特長

〈ロータ主軸用軸受〉

　ミスアライメントが許容でき，負荷能力の高い自動調心ころ軸受が一般的である。ロータによる大荷重を支持するため，たとえば，1～1.5 MW クラスの場合，軸受内径約 $\phi500$～$\phi600$ mm の大形軸受が使用されている。

〈ギヤボックス（増速機）用軸受〉

　軸受に必要とされる特性は使用軸で異なり，使用される軸受形式も多岐にわたる。一般的に求められる性能としては，ミスアライメントによるつばのかじり強度，軽荷重負荷時の耐スミアリング強度などがあげられ，軸受内部設計の最適化で対応している。

〈発電機用軸受〉

　軸受内部に電流が通過することで起きるスパークによる損傷を防止するため，軸受外輪外径部および幅面に特殊セラミックスを溶射し，絶縁機能をもたせた深溝玉軸受が使用されている。

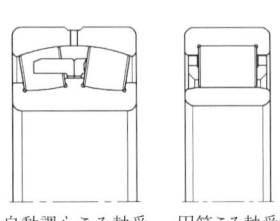

自動調心ころ軸受　円筒ころ軸受　円すいころ軸受　深溝玉軸受（絶縁軸受）

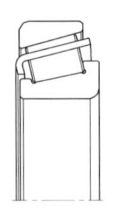

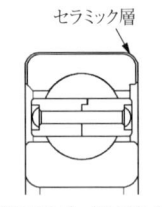

**増速機用軸受**（内径φ150～φ300mm）　**発電機用軸受**（内径約φ150mm）

――― コラム ―――

### 未来を変える新エネルギー──風力発電

　風車といえばオランダの風車が有名ですが，古くから人類は風のエネルギーをさまざまな形で利用してきました。そして現代，風力発電は無尽蔵にある自然エネルギーで発電機を回すことによって電気エネルギーに換える環境に優しい設備として，成長している産業分野です。

　現在，世界最大出力機には5MW機があり，ブレードと呼ばれる翼の回転径は実に126mにもなります。1基で約2,500世帯の電力を賄える計算になります。風力発電は未来を変える新エネルギーとして注目を集めています。

――― コラム ―――

### ミリとインチ

　大昔，北米では図面表記単位はインチ記載が主流でした。このときあった実際の話ですが，ベアリングの内径公差がインチ単位で0～－0.0005 inchと記載されていました。当然日本はミリ単位ですから，25.4を掛けてミリ単位に直します。このベアリングの内径公差は0～－0.0127 mm 丸めて0～－0.013 mmとなります。何と特殊な公差……。

　そこで元々のベアリングを調べると，その公差は0～－0.012 mmでした。単位の換算で，いつのまにか公差が変わってしまったわけです。

## 9 工作機械（マシニングセンタ）主軸

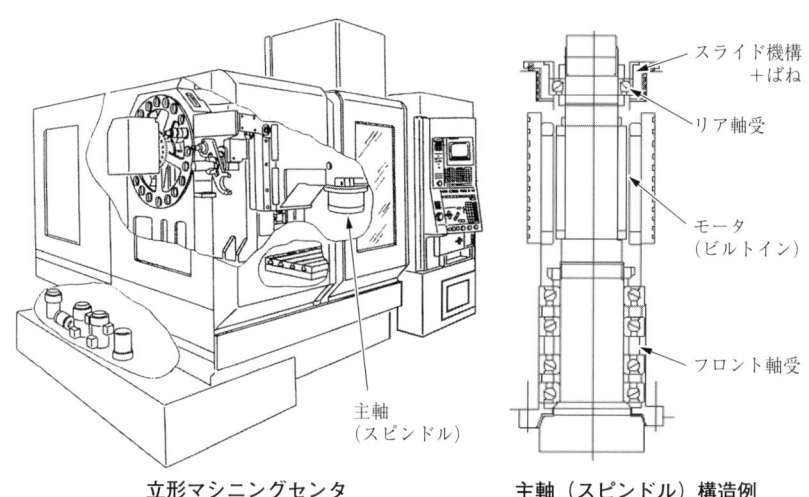

立形マシニングセンタ
（出典：JISハンドブック⑬工作機械（JIS B 0105-1993）日本規格協会）

主軸（スピンドル）構造例
＊ビルトインモータ駆動タイプ

## 適用軸受の特長

　マシニングセンタの主軸は，一般的に低速から高速まで使用されるため，主軸軸受は高速・高剛性・低発熱であることが要求される。潤滑はグリース，オイルミスト，エアオイル潤滑などがあるが，高速主軸が多く，エアオイル潤滑が多い。

- フロント軸受は，ラジアルおよびアキシアル荷重を負荷するため，複数列のアンギュラ玉軸受（2~4列組合せ）が使用される。高速用では転動体の遠心力の低減を狙って転動体径を小さくする。
- リア軸受は，ラジアル荷重を負荷し（軸の振れ抑制），軸の伸びを吸収させる軸方向スライド機構を設け，ばねなどで軸自重をキャンセルさせ，単

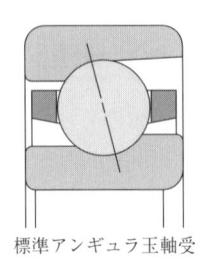

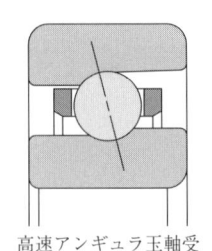

標準アンギュラ玉軸受　　　高速アンギュラ玉軸受

主軸フロント用（内径 $\phi$ 100 mm）

- 列アンギュラ玉軸受が使用される。
- また，リア軸受に単列円筒ころ軸受を配置した構造例もある。（リア構造の簡素化）

## 高速アンギュラ玉軸受 NTN の 2 LA-HSE の特長

- 耐摩耗性，耐焼付き性を向上させた特殊材料＋表面改質を採用し，高速・高剛性・低温度上昇を実現するため内部仕様の最適化を実施。
- 超高速のため，セラミック転動体を標準設定。

---

**コ ラ ム**

### ベアリングの鋼球の精度

　ベアリングはあらゆる機械の回転部分に使用されている精密な機械要素部品で，その精度はいまやサブミクロン（1万分の1 mm以下）レベルに達しています。
　たとえばベアリングの鋼球（玉）とパチンコ玉は，一見すると似ていますが，実は大変な差があります。地球の大きさまで拡大すると，パチンコ玉では表面の凹凸は富士山くらいの高さになってしまいますが，ベアリングの鋼球では50 mぐらいの高さにしかなりません。
　ベアリングの鋼球は，世の中で人間が作り出した中で最も真円に近い製品と言われています。

## 10 工作機械（旋盤）主軸

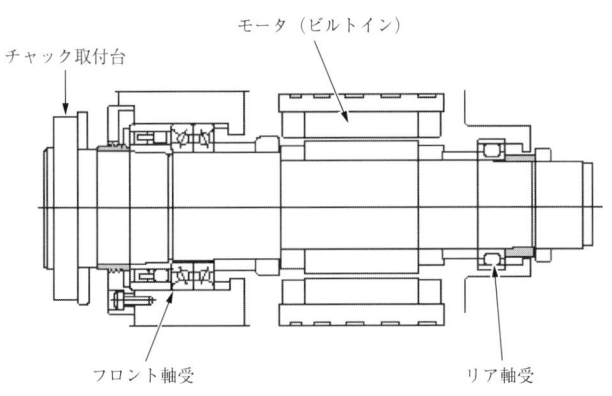

主軸（スピンドル）構造例
＊ビルトインモータ駆動タイプ

## 適用軸受の特長

　旋盤の主軸は，一般的に加工荷重が大きいために主軸軸受としては剛性が高く，低発熱であることが要求される。潤滑はグリース潤滑が多い。

- フロント軸受は，ラジアル荷重を負荷する複列（または単列）円筒ころ軸受とアキシアル荷重を負荷する専用アンギュラ玉軸受（2列組合せ）が使用される。
- リア軸受は，ラジアル荷重を負荷し，軸の伸びを吸収できるようにするた

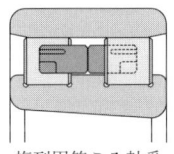

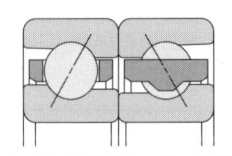

複列円筒ころ軸受　アキシアル荷重用アンギュラ玉軸受
**フロント軸受**（内径 φ100 mm）

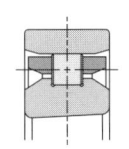

単列円筒ころ軸受
**リア軸受**
（内径 φ80mm）

め，単列（または複列）円筒ころ軸受が使用される。
- 近年，フロント軸受に複数列のアンギュラ玉軸受を配置した構造例もある。

〈超高速複列円筒ころ軸受 NTN の NN 30 HSRT 6 の特長〉
- 高速・低温度上昇を実現するため，軸受内部仕様の最適化を実施している。
- エアオイル潤滑・グリース潤滑での高速性およびグリースの長寿命化に対応した特殊樹脂保持器を採用。

---

### コラム

#### 丸くないベアリングの話

　一般的に目にするベアリングは丸く精度良く作られています。でも世の中には，丸くないベアリングもあります。たとえば内径が丸いのは，丸い軸に組み付けるためですが，当然のことながら，軸が四角であれば，内径形状は四角となります。ついでに，六角形，八角形の内径形状を持つ軸受も使われています。

　これらは，北米，欧州にある大型農業機械にみられますが，残念ながらあまり日本ではお目にかかることはありません。

　内径だけではなく，転走面が丸くないベアリングもあります。これは超高速で回るジェットエンジン用軸受によくみられます。超高速でベアリングを回すと転動体が滑ってしまい，いろいろな悪さをします。よって，転走面をおむすび形状にしたり，楕円形状にしたり，意図的に丸くしないベアリングもあります。

　そういえば一時期ブームになったプラモデルのミニ 4 駆の車軸用ベアリングの内径も 6 角形でしたね。

# 11 建設機械（油圧ショベル走行減速機）

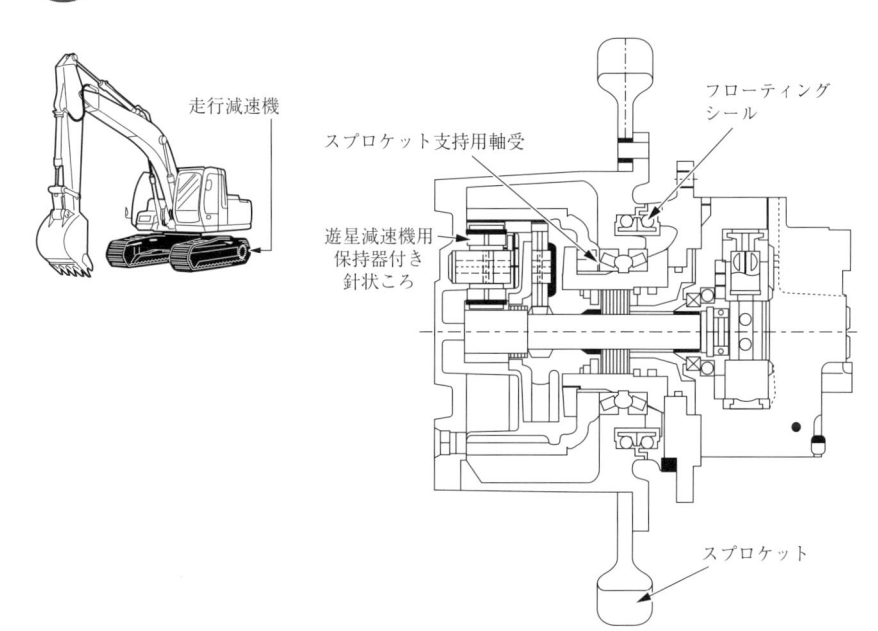

走行減速機構造

## 適用軸受の特長

　建設機械の中で特徴的な形状を有している軸受は，油圧ショベル走行減速機のスプロケット支持用である。この軸受は，機体重量や牽引力から発生するラジアル荷重のほかに，旋回時にアキシアル荷重がモーメント荷重として軸受に作用する。フローティングシール部からの油漏れを防止するためには高剛性であることも必要である。

　この走行減速機にはアンギュラ玉軸受，もしくは円すいころ軸受が背面組合せ（2列）で使用される。

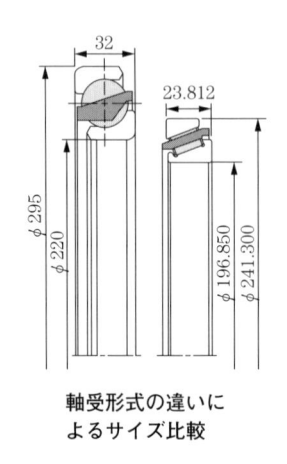

軸受形式の違いによるサイズ比較

スプロケット支持用軸受

　最近は，装置のコンパクト化・高剛性化を目的としてアンギュラ玉軸受より小さなサイズで大きな荷重を負荷できる円すいころ軸受の需要が増えている。また，本軸受を小形・軽量化することにより，装置全体の小形・軽量化が可能になるのに加え，フローティングシール部の小形化によりシールの摺動速度を抑え摩耗低減にも寄与できる。さらに樹脂保持器を採用することにより軽量化が可能となる。アンギュラ玉軸受から円すいころ軸受への切替えにより剛性を維持しつつ，軸受外径寸法が約 20%，質量で約 60% を低減できる。

---

### コラム

### 超巨大！　鉱山用ダンプトラック

　鉱山で使用されているダンプトラックはどれぐらい大きいかご存知ですか？町中を走っているダンプトラック 300 杯分以上，380 トン積めるのです。大きさはと言うと，なんとビルの 2 階部分に運転席があり，荷台を上げればその高さは 5 階まで届きます。タイヤの直径は約 3 m で，普通の人がジャンプしてやっと届く程度です。こんな大きなダンプトラックが露天掘り鉱山には 100 台以上も使われているそうです。

## 12 建設機械（減速機）

### 適用軸受の特長

　建設機械の走行減速機および旋回減速機用の遊星減速機には，一般的に，保持器付き針状ころが適用されている。軸受には遊星運動による遠心力が作用する。遊星運動下では通常の用途と違い，キャリアが公転するため，ころと保持器の干渉力が大きくなる。そのため，保持器の剛性を高くする必要がある。また，保持器の案内は外径案内が良いとされる。近年は，原価低減を目的とした樹脂保持器が採用されてきているが，樹脂保持器は使用温度などの制限があり，採用にあたっては十分な試験・確認が必要である。

　軸受に作用する荷重が大きいため，負荷容量が大きくなるような軸受設計が必要となる。キャリアの構造や剛性にもよるが，シャフトの傾きが発生するので，ころ端部のエッジ応力回避のためにクラウニングを施す必要がある。潤滑条件も厳しくなってきていることから，ころや軌道面に特殊熱処理や表面特殊加工を施し，長寿命化効果を狙う場合もある。

## 13 建設機械（操作レバー）

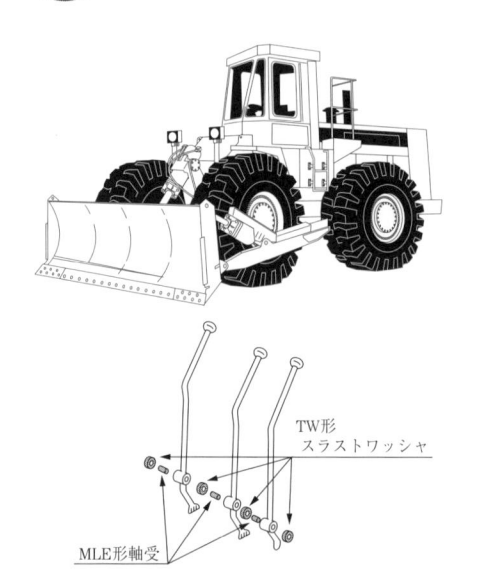

建設機械操作レバー用軸受

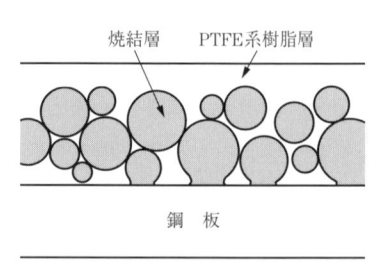

ベアリー MLE の 3 層構造

## 適用軸受の特長

　建設機械の操作レバー機構の軸受に四フッ化エチレン系樹脂と焼結層との複合軸受であるベアリー MLE が採用されている。NTN のベアリー MLE は鋼板の表面に青銅粉末による焼結層を設けた後，四フッ化エチレン樹脂系材料を含浸させた 3 層構造で，樹脂材料の欠点である耐荷重性を改善した軸受である。

- 材料：ベアリー MLE（PTFE 系材料）（内径 $\phi 25$ mm）
　　　　ベアリー TW（PTFE 系材料）（内径 $\phi 25$ mm）
- 成形：含浸成形
　　　　圧縮成形（その後，旋削加工）

## 14　化学プラント用ポンプ

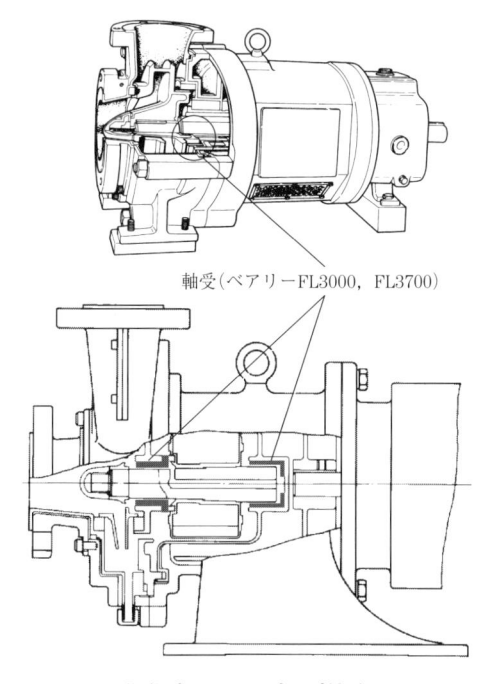

軸受(ベアリーFL3000, FL3700)

化学プラント用ポンプ軸受

## 適用軸受の特長

　化学プラントにて薬液を搬送するポンプの軸受は，酸性あるいはアルカリ性溶剤の雰囲気で使用されるため，耐薬品性が要求される。また，軸受として低摩擦特性，耐摩耗特性も必要である。四フッ化エチレン樹脂の複合材の代表的な用途例である。

- 材料：ベアリー FL 3000, FL 3700（PTFE 系材料）（内径 $\phi$ 20 mm）
- 成形：圧縮成形（その後，旋削加工）

## 15 事務機（複写機・プリンタ）

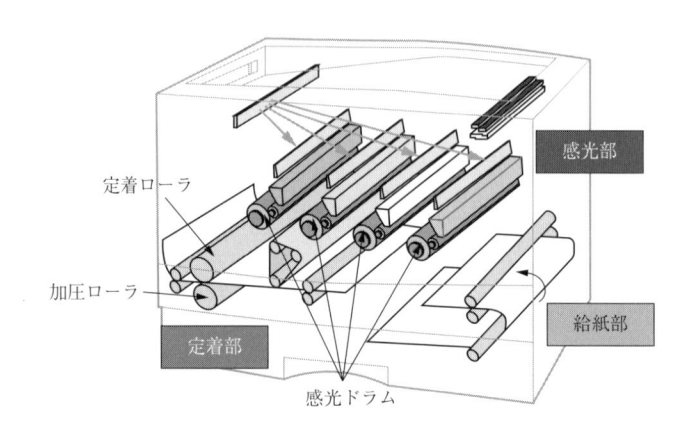

(図：定着ローラ、加圧ローラ、定着部、感光部、感光ドラム、給紙部)

### 感光ドラム支持用軸受

　内径 $\phi 8 \sim \phi 30$ mm の小径玉軸受，薄肉深溝玉軸受が使用される。必要機能としては，通電性能（ドラムの帯電除去），回転精度（JIS-0級），ケミカルアタック対応である（次頁のコラム参照）。

- 使用条件例：回転速度　　$300$ min$^{-1}$（最大）
  - 荷重　　　$49$ N（最大）
  - 温度　　　室温

### 定着ローラ支持用軸受

　内径 $\phi 12 \sim \phi 30$ mm の薄肉転がり軸受および PPS 系樹脂滑り軸受が使用される。必要機能としては，高温長寿命，通電性能（ローラの帯電除去）である。

- 使用条件例：回転速度　　$100$ min$^{-1}$（最大）
  - 荷重　　　$390$ N（最大）
  - 温度　　　$200 \sim 250$℃

15 事務機（複写機・プリンタ）

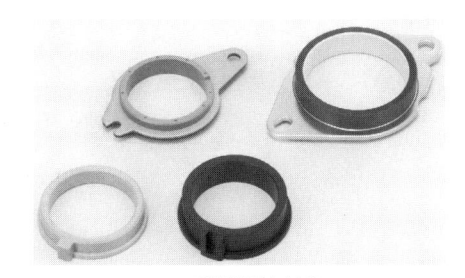

薄肉深溝玉軸受　　　PPS系樹脂滑り軸受

適用軸受

---

### ◯コ ◯ラ ◯ム

#### ケミカルアタックとは？

　日本語で言うと「応力腐食割れ（腐食と静的応力との共同作用で割れや脆化をもたらすもの）」です。身近な例では，発泡スチロールに油性マジックで文字を書くと，文字の部分だけ凹みが生じます。これがケミカルアタックです。事務機器には様々な樹脂部品が使用されており，樹脂部品の材質と周辺部品からの油（たとえば，軸受封入グリースや防錆油）の相性によっては，樹脂部品にクラックを発生させてしまいます。したがって，事務機器用軸受には，ケミカルアタックを起こさないグリース，防錆油を使用しています。

## 16 医療(CT スキャナ)

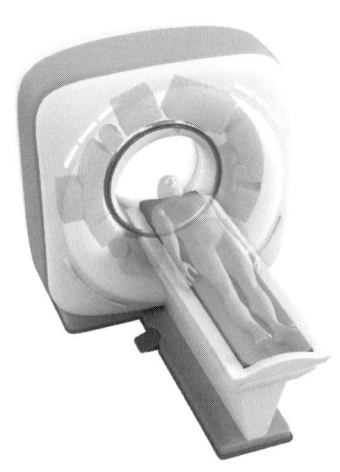

### 適用軸受の特長

　CT スキャナは，被検者の周りを X 線照射装置が回転しながら X 線を照射し，透過した X 線を検出装置で検出し，その投影情報を基に輪切りの断層像を得る装置である。

　その X 線照射装置や検出装置を回転させるために軸受が用いられている。

　この軸受の内径は約 1 m あり，直径に対してその断面が小さい(内径寸法の 1/10 程度)のが特長である。

　また，撮影精度の観点から低振動であることと，被検者に不安感を与えないための静粛性を備えた仕様になっている。

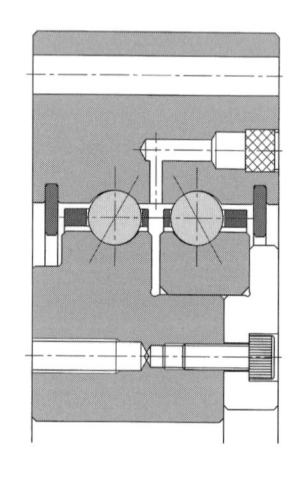

## 17 家電用モータ

冷却羽根(ファン)　固定子鉄心
固定子巻線　回転子導体(アルミ)
密封玉軸受
回転子鉄心

**家電用モータ**

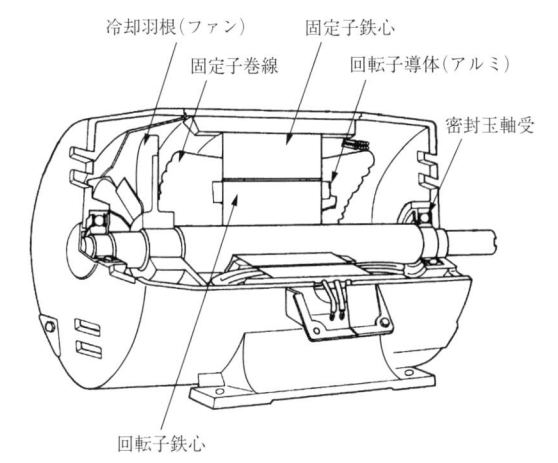

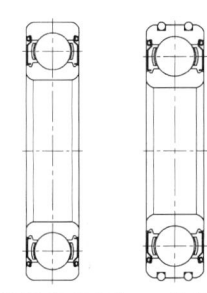

密封形深溝玉軸受　　AC軸受

0.4kW　内径 $\phi$ 20mm
3kW　　内径 $\phi$ 30mm

## 適用軸受の特長

- 一般産業機械用途で使われるモータの多くは，回転軸の両側に深溝玉軸受が使われる。
- モータに使われる深溝玉軸受は，取扱いが簡便な密封形グリース封入タイプを使用し，軸受周辺の汚染，異物の侵入を防止している。
- モータ用軸受に求められる性能としては，高速性・長寿命・静粛性などが求められ，NTNでは高速モータ用長寿命グリース，高速回転可能な樹脂保持器を開発している。
- 軸受外輪とハウジングのはめあいがすきまばめであるため，軸受外輪が運転中に回転してしまうクリープと呼ばれる現象が生じる場合があり，ハウジング内径や軸受外輪外径面を摩耗させることがある。この対策としてAC軸受（クリープ防止軸受）をラインナップしている。

## 18 熱処理炉

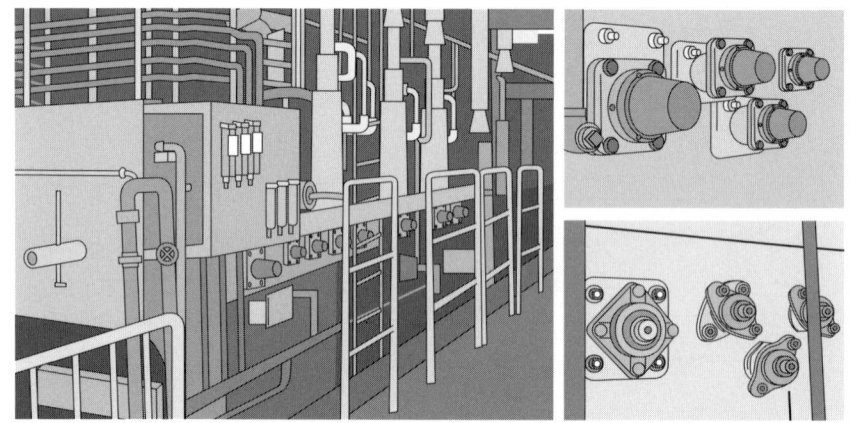

連続焼入炉

ローラ支持用軸受

## 適用軸受の特長

　高温耐熱用ベアリングユニットは，高温用グリースが軸受に封入されており，耐熱処理を施した軌道輪により，寸法変化が少なく耐久性が優れている。

〈高温耐熱用角フランジ形ユニット〉

- 軸受箱の底面側にふっ素ゴムシール付きの側板が設けてあるので，給油の際の劣化グリースは炉壁側に洩れず，カバー下部の廃油穴から排出される構造になっている。
- 閉じカバー付きユニットは，ローラ支持用軸受の自由側ベアリングユニットで，軸の膨張補正ができるような構造になっている。
- ふっ素グリースを使用することにより，無給油で長寿命化を図ったベアリングユニットもある。
- 軸径 $\phi 35 \sim \phi 60$ mm の軸受が多く使用されている。

18 熱処理炉 219

〈開きカバー式〉

廃油排出口

〈閉じカバー式〉

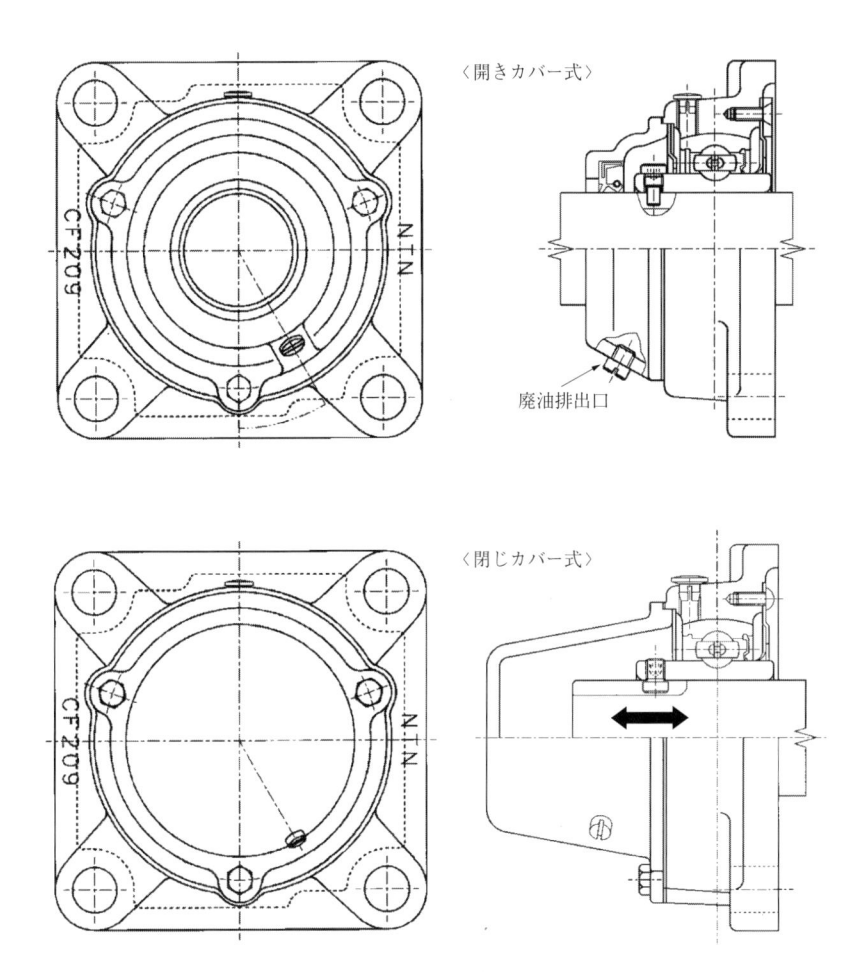

高温耐熱用角フランジ形ユニット

## 19 コンベア（鉱山）

## 適用軸受の特長

　ベルトコンベアの駆動用軸受やテンション用軸受には，給油式の鋳鉄製ピロー形ユニットが多く用いられる。また，防塵性をさらに必要とする場合は，カバー付きベアリングユニットを使用する（軸径 $\phi 35 \sim \phi 70$ mm）。

〈カバー付きピロー形ユニット〉

　カバーには閉じカバーと開きカバーがあり，両者を前後に組合せて使用する。閉じカバーは，回転部分との接触を防止する安全カバーの役割を果たす。

　また，開きカバー内の空間部分には，グリースを詰めてゴミの浸入を防止する。水分の降りかかる場合は，カバーの下部に水抜き穴を設けて使用する。

鋳鉄製
ピロー形ユニット

鋳鉄製カバー付き
ピロー形ユニット

鋼板製カバー付き
ピロー形ユニット

20　立体駐車場

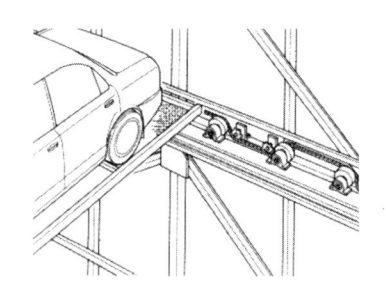

## 20 立体駐車場

## 適用軸受の特長

　立体駐車場の搬送用台車の車軸や駆動軸の支持用軸受には，衝撃荷重やモーメント荷重が作用するため，鋳鉄製厚肉ピロー形ユニットやダクタイル（球状黒鉛鋳鉄）製ピロー形ユニットが使用される（軸径 $\phi 40 \sim \phi 70$ mm）。

〈ダクタイル製軽量ピロー形ユニット〉
　一般的な形状をしたダクタイル製軸受箱のほかに，40％軽量化したコンパクトなダクタイル製ピロー形ユニットがある。
　このユニットはダクタイル製軸受箱で，鋳鉄製に比べて高い強度特性を有しており，軽量でコンパクトな形状であるため，より狭い場所への取付けが可能である。

鋳鉄製厚肉ピロー形ユニット　　　ダクタイル製軽量ピロー形ユニット

## 21 食品機械

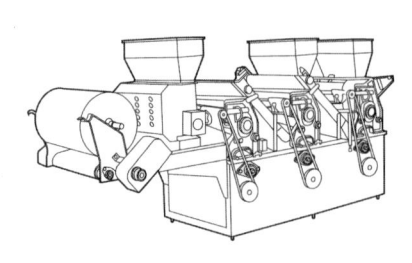

自動ワンタン皮製造ライン 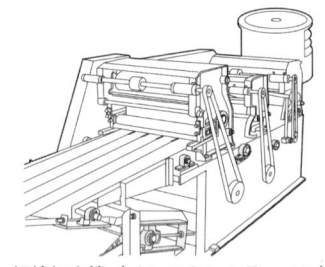　　　麺線打出機（インスタントラーメン）

## 適用軸受の特長

　食品機械に使用される軸受は，衛生管理上から錆びにくい材質で，軸受内部の潤滑剤も人体に有害を及ぼさないものが望まれるため，ステンレス製ベアリングユニットやガラス繊維強化樹脂製軸受箱を用いたベアリングユニットが使用される．また，機械下部には，ベルトやチェーンの調整用としてT型ストレッチャーユニットが使用される（軸径 $\phi 20 \sim \phi 50$ mm）．

〈ステンレス製ベアリングユニット〉

　ステンレス製の玉軸受と軸受箱を組合せたもので，玉軸受内に封入された潤滑剤には，食品機械用グリースが使用されている．また，グリース漏れを極力少なくし，グリースを確実に軸受内部に保持する食品機械用熱固化型グリース（NTN商品名：ポリルーブ）を用いた玉軸受がある．

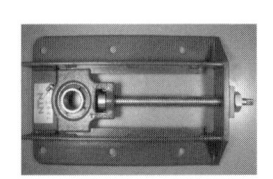

ステンレス製ベアリング　　ガラス繊維強化樹脂製　　T型ストレッチャー
　　ユニット　　　　　　　　　ユニット　　　　　　　　ユニット

## 22 高層ビル用滑り免震装置

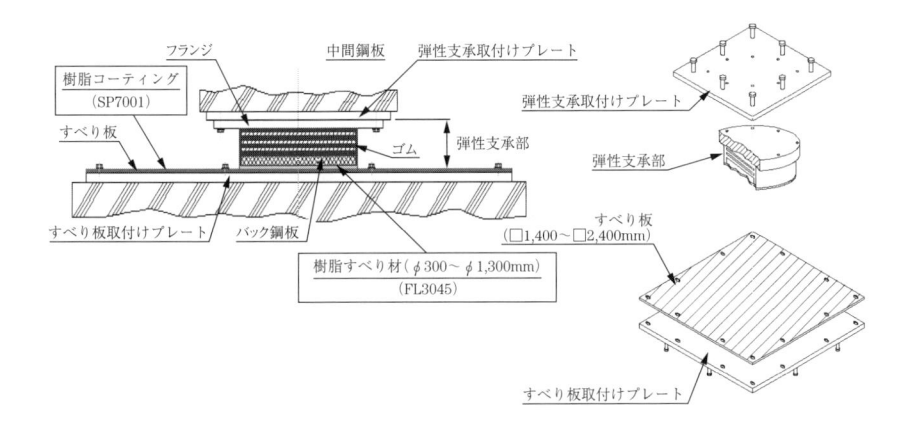

## 適用軸受の特長

　従来，免震装置は積層ゴムからなる弾性変形を利用するものが主体であった。巨大地震対策として移動量を大きくとる目的で，滑り免震装置の採用が多くなっている。摩擦係数は小さいほど好ましく，NTN はベアリー材の組合せによって 0.03 以下を実現させた。SSB（スーパースライディング支承）の名称で約 500 基の実績がある。

- 材料：ベアリー FL 3045（PTFE 系材料）
  　　　ベアリー SP 7001（熱硬化性樹脂系材料）
- 成形：圧縮成形（その後，旋削加工）
  　　　コーティング

# 索　引

### あ，ア

アキシアル荷重 ················· 28, 41, 123
アキシアル荷重係数 ················· 59
アクスル ································· 171
アクスルベアリング ················· 171
アダプタスリーブ ················· 38, 98
アダプタ方式 ··························· 128
圧痕 ······································ 111
圧入 ········································ 97
油潤滑 ····································· 80
油の交換限度 ··························· 84
アンギュラ玉軸受
　················· 26, 41, 180, 205, 207, 209
安全係数 ································ 118
安全係数 $S_0$ ··············· 56, 57, 118
案内面 ····································· 91
異常音 ·································· 74, 75
異物 ······································ 112
薄肉転がり軸受 ······················ 214
薄肉深溝玉軸受 ······················ 214
打抜き保持器 ················· 22, 33, 89
運転すきま ······························ 68
エアオイル潤滑 ························ 81
エアスピンドル ············· 157, 158, 159
永久磁石 ······························· 163
永久変形 ································· 55
永久変形量 ··························· 57, 60
遠心力 ·································· 205
円すいころ軸受 ········· 21, 31, 41, 175, 197, 198, 209
円筒ころ軸受 ······ 21, 27, 41, 175, 197, 198, 199, 206, 207

オイレスベアリング ················· 135
オルタネータ ·························· 185
音響 ········································ 74
音響寿命 ································· 48
温度差 ····································· 69
温度上昇 ································· 74

### か，カ

カーエアコン ·························· 186
外径 ········································ 43
回転周期変動 ························· 158
回転精度 ································· 47
回転速度 ··················· 51, 71, 74, 78
外部振動 ································· 70
外輪 ···························· 21, 22, 69
化学プラント用ポンプ ············· 213
角フランジ形ユニット ········· 120, 121
荷重係数 ································· 58
過大予圧 ································· 70
各国規格記号 ························· 113
家電用モータ ·························· 217
カバー付きベアリングユニット
　································· 116, 117, 220
カムフォロア ·························· 34, 35
ガラス織布 ···························· 202
干渉 ········································ 45
含油軸受 ······························· 135
気孔 ································· 136, 137
軌道径 ····································· 69
起動抵抗 ································· 16
軌道盤 ····································· 21
起動摩擦 ································· 72
軌道面 ····································· 21

| | |
|---|---|
| 軌道輪 | 21 |
| 基本静定格荷重 | 55, 57 |
| 基本定格寿命 | 49, 51 |
| 基本動定格荷重 | 49, 51 |
| 基本番号 | 46 |
| キャビテーション | 161 |
| 基油 | 76, 77 |
| 給油グリース | 133 |
| 給油式ベアリングユニット | 131 |
| 給油式ユニット | 133 |
| 給油方法 | 132 |
| 給油量 | 83, 84 |
| 許容 PV 値 | 143 |
| 許容アキシアル荷重 | 62 |
| 許容回転速度 | 71, 123 |
| 許容荷重 | 118 |
| 許容傾き | 41 |
| 許容静等価荷重 | 56 |
| 空間容積 | 78 |
| 駆動装置用軸受 | 197, 198 |
| 組合せアンギュラ玉軸受 | 27, 70 |
| 組合せシール | 85 |
| クラウニング | 34, 211 |
| クリアランス | 154 |
| グリース | 76, 77, 132 |
| グリースガン | 133 |
| グリース潤滑 | 76 |
| グリースの充填 | 78 |
| グリース補給間隔 | 79 |
| グリース量 | 80 |
| クリープ | 65, 111, 217 |
| クリープ現象 | 65 |
| クロム鋼 | 87 |
| 軽荷重 | 50, 83 |
| 形状精度 | 47 |
| 結晶性樹脂 | 145 |
| 結晶粒微細化 | 88 |
| ケミカルアタック | 214, 215 |
| 減衰係数 | 161 |
| 建設機械（減速機） | 211 |
| 建設機械（操作レバー） | 212 |
| 高温 | 78, 180, 199, 214, 218 |
| 交換 | 76 |
| 航空機（エンジン） | 199 |
| 高剛性 | 206, 209 |
| 高周波焼入れ | 95 |
| 剛性 | 41, 124, 145, 207, 211 |
| 合成荷重 | 58 |
| 合成油 | 80 |
| 高層ビル用滑り免震装置 | 223 |
| 高速 | 199, 202, 206 |
| 高速回転 | 41, 50, 78 |
| 高速度鋼 | 87 |
| 高炭素クロム軸受鋼 | 87 |
| 鋼板製カバー付きユニット | 129 |
| 鉱油 | 80 |
| 互換性 | 32 |
| 固形グリース | 77 |
| 固定側 | 42 |
| 固定側軸受 | 41 |
| 転がり軸受ユニット | 37, 115 |
| 混合（ミキシング） | 142 |
| コンベア（鉱山） | 220 |

### さ，サ

| | |
|---|---|
| 最高使用温度 | 54 |
| 最大転動体荷重 | 55 |
| さび・腐食 | 109 |
| サブユニット寸法 | 32 |
| シール | 195 |
| シール形 | 25 |
| シール形複列アンギュラ玉軸受 | 186, 188 |
| シール構造 | 85 |
| シールド形 | 25 |
| ジェット潤滑 | 81 |
| シェル形 | 31 |
| シェル形針状ころ軸受 | 30, 188 |

| | |
|---|---|
| 磁化 | 105 |
| 磁気軸受 | 163 |
| 軸受温度 | 73 |
| 軸受各部の用語 | 24 |
| 軸受荷重 | 58 |
| 軸受空間係数 | 78, 79 |
| 軸受交換 | 45 |
| 軸受剛性 | 70 |
| 軸受固定方法 | 90 |
| 軸受材料 | 86 |
| 軸受寿命 | 48 |
| 軸受すきま | 153 |
| 軸受精度 | 40 |
| 軸受特性係数 | 54 |
| 軸受内径 | 43 |
| 軸受内部すきま | 40, 67, 68 |
| 軸受の固定 | 89 |
| 軸受の精度 | 46 |
| 軸受の選定 | 39 |
| 軸受の選定基準 | 40 |
| 軸受の特性 | 72 |
| 軸受の取扱い | 96 |
| 軸受の取付け | 96 |
| 軸受の取外し | 101 |
| 軸受の配列 | 41 |
| 軸受の密封装置 | 86 |
| 軸受箱 | 118, 127 |
| 軸およびハウジングの精度 | 93 |
| 軸の伸縮 | 41 |
| 質量 | 78 |
| 自動車 | 171 |
| 自動調心ころ軸受 | 21, 32, 38, 41, 196, 203 |
| 自動調心玉軸受 | 38 |
| しまりばめ | 65 |
| しめしろ | 65, 66, 69, 153 |
| 車軸用軸受 | 197 |
| 重荷重 | 83 |
| 自由側 | 42 |
| 自由側軸受 | 29, 41, 90 |
| 収縮 | 69 |
| 修正寿命係数 | 53 |
| 修正定格寿命 | 52 |
| 樹脂 | 87 |
| 樹脂材料 | 147 |
| 樹脂軸受 | 150 |
| 樹脂滑り軸受 | 144, 214 |
| 樹脂成形保持器 | 22, 33 |
| 樹脂製保持器 | 215 |
| 樹脂バンド | 185 |
| 樹脂保持器 | 89, 210, 211, 217 |
| 主電動機用軸受 | 198 |
| 寿命計算 | 50 |
| 寿命計算式 | 54 |
| 寿命修正係数 | 52 |
| 主要寸法 | 43 |
| 潤滑 | 20, 76 |
| 潤滑剤 | 76 |
| 潤滑寿命 | 48 |
| 潤滑方法 | 81 |
| 潤滑油 | 80 |
| 循環給油 | 81 |
| 小径玉軸受 | 214 |
| 焼結（シンター） | 142 |
| 焼結含油軸受 | 135, 141 |
| 焼結層 | 212 |
| 使用頻度 | 52 |
| 正面組合せ | 27, 198 |
| 食品機械 | 222 |
| 針状ころ | 29 |
| 針状ころ軸受 | 21, 29, 41, 95, 186 |
| 浸炭 | 95 |
| 浸炭鋼 | 192, 196 |
| 振動 | 216 |
| 信頼度係数 | 52 |
| すきま | 65, 66 |
| すきまばめ | 65 |
| スキュー | 35, 106, 108, 110 |
| スタータ | 184 |

# 索引

| | |
|---|---|
| スタッド ………………………………… 34 | 接触応力 ……………………………… 53 |
| ステンレス …………………………… 222 | 接触角 ………………………… 26, 27, 59 |
| ステンレス鋼 ………………………… 87 | 接触シール ………………………… 85, 86 |
| スフェリカル形 ………………… 138, 140 | 接触楕円 ……………………………… 62 |
| 滑り ……………………………… 50, 70 | 接頭補助記号 ………………………… 46 |
| 滑り軸受 ………………………… 135, 180 | 接尾補助記号 ………………………… 46 |
| スポットパック仕様 ………………… 77 | セラミック（ス） ………………… 87, 206 |
| スミアリング ……………… 50, 70, 203 | 線接触 ………………………………… 22 |
| スミアリング・かじり ……………… 108 | 旋盤主軸 …………………………… 207 |
| スラスト円筒ころ軸受 ……………… 36 | 線膨張係数 …………………………… 69 |
| スラスト軸受 ………………………… 36 | 総回転数 ……………………………… 49 |
| スラスト自動調心ころ軸受 ………… 36 | 総合寿命 ……………………………… 51 |
| スラスト針状ころ軸受 ……………… 36 | 相互差 ……………………………… 195 |
| スラスト玉軸受 ……………………… 41 | 増ちょう剤 ………………………… 76, 77 |
| スラストワッシャ形 …………… 138, 140 | 側板 …………………………………… 33 |
| スリーブ形 ……………………… 138, 140 | ソリッド形針状ころ軸受 …………… 30 |
| スリンガ …………………………… 116 | 損傷 ………………………… 50, 105, 106 |
| 寸法安定化 ………………………… 186 | |
| 寸法安定化処理 ……………………… 87 | ■■■ た，タ ■■■ |
| 寸法安定化処理（TS 処理） ………… 54 | |
| 寸法許容差 …………………………… 66 | ターボチャージャ ………………… 180 |
| 寸法系列 ……………………………… 44 | ターボ分子ポンプ ………………… 166 |
| 寸法精度 ……………………………… 46 | 対称ころ ……………………………… 33 |
| 静アキシアル荷重係数 ……………… 61 | 耐水性 ……………………………… 186 |
| 静圧気体軸受 …………………… 155, 156 | 耐熱処理 ………………………… 196, 218 |
| 正規分布 ……………………………… 69 | 耐熱性 ……………………………… 185 |
| 整形（サイジング） ………………… 142 | タイミングベルト用プーリ ……… 183 |
| 成形（フォーミング） ……………… 142 | 耐薬品性 …………………………… 213 |
| 静止荷重 ……………………………… 66 | 楕円形 ………………………………… 62 |
| 静粛性 ……………………………… 216 | 高さ …………………………………… 43 |
| 静的荷重 ……………………………… 56 | 多孔質 ……………………… 135, 136, 142 |
| 静等価荷重 …………………………… 60 | 玉軸受 ……………………………… 180, 185 |
| 静等価ラジアル荷重 ………………… 60 | 単式スラスト玉軸受 ………………… 36 |
| 精度寿命 ……………………………… 49 | 弾性係数 …………………………… 161 |
| 精度等級 ……………………………… 47 | 弾性接触 ……………………………… 70 |
| 静破壊荷重 ………………………… 118 | 単列深溝玉軸受 …………………… 183 |
| 静ラジアル荷重係数 ………………… 61 | 中間ばめ ……………………………… 65 |
| 絶縁 ………………………………… 203 | 超高速 ……………………………… 180 |
| 絶縁軸受 …………………………… 198 | 長軸半径 ……………………………… 62 |

| | |
|---|---|
| 長寿命化 | 55 |
| 調心性 | 32, 37 |
| ちょう度 | 76, 77 |
| ちょう度番号 | 76, 77 |
| 直径系列 | 43, 44 |
| 通電 | 110, 214 |
| つば | 63 |
| 定圧予圧 | 70, 71, 202 |
| 定位置予圧 | 70, 71 |
| 定格荷重 | 48 |
| ディスク給油 | 81 |
| 低トルク | 195 |
| 低発熱 | 207 |
| 低フリクション | 181 |
| 低摩擦 | 213 |
| テークアップ形ストレッチャーユニット | 120 |
| テークアップ形ユニット | 120 |
| テーパ穴 | 33 |
| 滴下給油 | 81 |
| 滴点 | 77 |
| 鉄道車両 | 197 |
| デファレンシャル | 175 |
| 添加剤 | 76 |
| 電気絶縁性 | 144 |
| 電磁石 | 163 |
| 電食 | 110, 198 |
| テンションレベラーロール | 195 |
| 点接触 | 22 |
| 転走跡の蛇行 | 108 |
| 転動体 | 21, 22 |
| 転炉トラニオン | 193 |
| 動圧軸受 | 159 |
| 動圧溝 | 160 |
| 等価荷重 | 59 |
| 動等価荷重 | 51, 59 |
| 動等価ラジアル荷重 | 59 |
| 特殊形 | 138, 140 |
| 特定有害物質使用禁止（RoHS，ELV） | |

| | |
|---|---|
| 指令 | 144 |
| 止めねじ | 126 |
| 止めねじ締付け時 | 128 |
| 止めねじ方式 | 121, 126 |
| 止め輪付き軸受 | 26 |
| ドライヤ | 196 |
| トラックローラ | 33 |
| トランスミッション | 175 |
| 取付け角度 | 125 |
| 取付け関係寸法 | 91 |
| 取付け誤差 | 34, 41 |
| 取付け軸 | 121 |
| 取付け面 | 124 |
| 取外しスリーブ | 98 |
| トレーサビリティ | 200 |

### な，ナ

| | |
|---|---|
| 内部すきま | 20, 67, 69 |
| 内部すきま減少量 | 69 |
| 内輪 | 21, 22, 69 |
| なし地 | 112 |
| ニードルベアリング | 30 |
| 熱可塑性樹脂 | 145 |
| 熱可塑性ポリイミド樹脂（TPI） | 148 |
| 熱硬化性樹脂 | 145, 146 |
| 熱固化型グリース | 77, 222 |
| 熱処理炉 | 218 |
| 熱ばめ | 98 |
| 熱量 | 73 |
| 粘性抵抗 | 80 |
| 粘性ポンピング作用 | 160 |
| 粘度 | 80 |
| 能動形磁気軸受 | 163 |

### は，ハ

| | |
|---|---|
| 背面組合せ | 27 |
| 配列 | 42 |

| | | | |
|---|---|---|---|
| はく離（フレーキング） | 49 | 二つ割り軸受 | 193 |
| 破損原因 | 105 | 普通荷重 | 83 |
| はだ焼鋼 | 32 | 不釣合荷重 | 66 |
| バックアップロールユニット | 195 | フランジ形 | 138, 140 |
| 発生 | 73 | プランマブロック | 38 |
| 発熱 | 50 | フリクションクラック | 107 |
| 発熱量 | 73 | プリンタ | 214 |
| 幅 | 43 | フレーキング（はく離） | 106 |
| 幅系列 | 43, 44 | プレス | 101 |
| ハブベアリング | 173 | フレッチング | 70, 109 |
| ハブ輪 | 171 | 噴霧潤滑（オイルミスト潤滑） | 81 |
| はめあい | 65, 66, 127, 153 | ベアリングユニット | 37, 115, 126, 218, 222 |
| ピーリング | 112 | ベアリングユニットの材料 | 116 |
| 引抜き治具 | 101 | ベアリングユニットの取付け | 124 |
| 非金属介在物 | 86 | ベアリングユニットの呼び番号 | 119 |
| 非晶性樹脂 | 145, 146 | 平衡 | 73 |
| 非接触シール | 85, 86 | 平坦度 | 124 |
| 非対称ころ | 33 | 並列組合せ | 27 |
| 必要寿命 | 55, 56 | ヘリングボーン | 161 |
| 必要粘度 | 82 | ヘリングボーン溝軸受 | 160 |
| 非破壊検査 | 200 | 偏荷重 | 34 |
| 飛沫給油 | 81 | 変形量 | 55 |
| 標準化 | 43 | 偏心カラー方式 | 121, 128 |
| 標準寸法 | 43 | ホイール | 171 |
| 標準予圧量 | 70 | 放出 | 73 |
| 表面硬さ | 95 | 防塵性 | 123 |
| 表面損傷 | 50, 55 | 膨張 | 69 |
| 疲労限 | 52, 53 | 膨張補正軸受 | 26 |
| 疲労限応力 | 53 | 補給 | 76 |
| 疲労寿命 | 48 | 補給間隔 | 78, 131 |
| ピロー形ユニット | 120, 220, 221 | 補給量 | 132 |
| 封入量 | 78 | 保護軸受 | 167 |
| 風力発電機 | 203 | 保持器 | 21, 22 |
| 負荷能力 | 22, 41 | 保持器付き針状ころ | 30, 189, 211 |
| 深溝玉軸受 | 21, 26, 41, 175, 184, 186, 189, 197, 198, 203, 217 | 保持器の材料 | 88 |
| | | 保持器破損 | 107 |
| 複写機 | 214 | 補助記号 | 45 |
| 複列アンギュラ玉軸受 | 27, 172, 175 | ポリアミドイミド樹脂（PAI） | 149 |
| 複列円すいころ軸受 | 32, 172 | ポリアミド樹脂（PA） | 148 |

ポリエーテルイミド樹脂（PEI） ……… 149
ポリエーテルエーテルケトン樹脂（PEEK）
　……………………………………… 148
ポリフェニレンサルファイド樹脂（PPS）
　……………………………………… 147
ホワール ……………………………… 161
ポンプ作用 ……………………… 137, 138

■■■■■■■　ま，マ　■■■■■■■

摩擦 …………………………………… 72
摩擦係数 ………… 72, 73, 136, 142, 144, 223
摩擦損失 ……………………………… 73
摩擦トルク …………………………… 41
摩擦熱 …………………………… 71, 137
摩擦モーメント ………………… 72, 73
マシニングセンタ主軸 ……………… 205
摩耗 ………………………… 110, 206, 213
摩耗粉 ………………………………… 65
摩耗寿命 ……………………………… 48
摩耗量 ………………………………… 152
ミスアライメント ………… 106, 110, 203
密封装置 ……………………………… 76
無限寿命 ……………………………… 53
メートル系 …………………………… 43
メタル ………………………………… 135
めっき ………………………………… 190
面取り寸法 …………………………… 43
毛細管作用 …………………………… 137
もみ抜き保持器 ……………… 22, 33, 89

■■■■■■■　や，ヤ　■■■■■■■

焼付き ……………………… 71, 106, 206
油圧 …………………………………… 98, 101
油圧ショベル走行減速機 …………… 209
誘起スラスト ………………………… 59
有効硬化層 …………………………… 95
有効しめしろ ………………………… 69

誘導加熱装置 ……………………… 98, 101
ユニット軸受 ………………………… 172
ユニット用軸受箱 …………………… 117
ユニット用玉軸受 …………… 117, 119
油膜形成能力 ………………………… 55
油浴潤滑 ……………………………… 81
予圧 …………………………………… 70
呼び番号 ……………………………… 45
四フッ化エチレン樹脂（PTFE）
　……………………… 147, 202, 212, 213

■■■■■■■　ら，ラ　■■■■■■■

ラジアル荷重 ………………… 28, 41, 74
ラジアル荷重係数 …………………… 59
立体駐車場 …………………………… 221
流体軸受 ……………………………… 155
りん酸マンガン塩処理 ……………… 192
ローラフォロア ………………… 34, 35
ロールネック ………………………… 191
ロケット（ターボポンプ） ………… 201
ロッカーアーム ……………………… 181
ロックウェル硬さ …………………… 95

■■■■■■■　わ，ワ　■■■■■■■

割れ・欠け …………………………… 107

■■■■■■■　数字，欧文　■■■■■■■

2点吊り ……………………………… 104
2輪エンジン ………………………… 189
$3\sigma$ …………………………………… 69
3点接触玉軸受 ……………………… 199
3点吊り ……………………………… 104
4点接触玉軸受 ……………………… 26
4列円すいころ軸受 ………… 32, 192
5軸制御形ターボ分子ポンプ ……… 166
ABMA ………………………………… 113

# 索 引

| | |
|---|---|
| ABS ポンプ ………………………… 188 | JIS ……………… 43, 47, 67, 87, 113, 135, 138 |
| AC 軸受 ………………………………… 217 | MIL ……………………………………… 113 |
| ANSI …………………………………… 113 | NF 形 …………………………………… 28 |
| ASME …………………………………… 113 | NH 形 …………………………………… 28 |
| ASTM …………………………………… 113 | NJ 形 …………………………………… 28 |
| BAS …………………………………… 113 | NRRO（Non Repetitive Runout，非繰り |
| BS ……………………………………… 113 | 返し振れ精度）……………………… 158 |
| CT スキャナ …………………………… 216 | NUP 形 ………………………………… 28 |
| DF（Divergence Formulation）法 …… 162 | NU 形 …………………………………… 28 |
| DIN ……………………………………… 113 | N 形 …………………………………… 28 |
| E 形円筒ころ軸受 ……………………… 29 | PLL 制御 ……………………………… 159 |
| FA 処理 ………………………………… 88 | $PV$ 値 ……………………… 136, 142, 151 |
| HL 加工 ………………………………… 55 | SAE ……………………………………… 113 |
| HT 形 …………………………………… 29 | SCr 420 ………………………………… 87 |
| ISO ………………………………… 43, 113 | SL 形軸受 ……………………………… 29 |
| IT ……………………………………… 94 | SUJ 2 …………………………………… 87 |
| JGMA …………………………………… 113 | |

| ベアリングがわかる本 | Ⓒ NTN 株式会社編集チーム　2011 |
|---|---|
| 2011 年 4 月 25 日　第 1 版第 1 刷発行 | 【本書の無断転載を禁ず】 |
| 2023 年 9 月 5 日　第 1 版第 5 刷発行 | |

編　　者　NTN 株式会社編集チーム
発 行 者　森北博巳
発 行 所　森北出版株式会社
　　　　　東京都千代田区富士見 1-4-11（〒102-0071）
　　　　　電話 03-3265-8341／FAX 03-3264-8709
　　　　　https://www.morikita.co.jp/
　　　　　日本書籍出版協会・自然科学書協会　会員
　　　　　JCOPY ＜（一社）出版者著作権管理機構　委託出版物＞

落丁・乱丁本はお取替えいたします　　　　印刷・製本/美研プリンティング

Printed in Japan／ISBN978-4-627-66791-4